天下文化
BELIEVE IN READING

Nature's Numbers
The Unreal Reality of Mathematics

大自然的數學遊戲

史都華 著 By Ian Stewart
葉李華 譯
李國偉 審訂

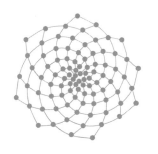

目錄

序

模式、模式、處處皆模式

李國偉

在這本書中，pattern是很關鍵的字眼，但是如何翻譯它卻是很傷腦筋的事。如果你翻開字典，大概多數解釋成「圖案、花樣、式樣、典型」。你可以想像一面龐大的牆，上面貼著美麗的壁紙，壁紙總可以從一塊印好特別設計圖畫的區域出發，再把圖畫反覆向四方擴散開來。這就是pattern的一種最具代表性的具象意義。

壁紙在視覺上帶來的規則性，就反映在圖案、花樣、式樣這些字眼裡。反過來當我們讀到這些字眼時，心裡便自然興起某種圖形的條理。但是我們現在需要把心理的認知向更抽象的層次提升，pattern標誌了物件之間隱藏的規律關係，而這些物件並不必然是圖畫式的，也可以是數字、抽象的關係、甚至思維的方式。

總而言之，pattern與規律性是密不可分的，它強調的是形式上的規律，而非實質上的規律。譬如說兩個蘋果的組成化學成分相當雷同，但是pattern的規律表現在它們長的樣子類似。

用圖案、花樣、式樣這些字眼翻譯pattern，似乎過於具象，但如果新造一些名詞，像「形樣」、「樣形」，或前面的「形」字都改成「型」字，讀者恐怕很難適應，也不容易掌握它的意思。因此我們採取中國大陸上專家討論這方面理論，已經漸漸約定俗成的翻譯法，把pattern譯作「模式」。

數學的世界

「模式」其實也是一個舊瓶，不過經由本書，讀者可以品嚐到它所容納的新酒，而且好像除了它，別的瓶子還不太容易裝這種新酒。

所謂的新酒，也就是本書所要傳達的核心觀念，就是說數學是研究模式的科學。

在巴比倫的時代，人已經會用數字記帳了。在古埃及的時代，丈量尼羅河氾濫後的田界，已經發展出幾何學。所以數學很久以來，被認為是研究「數」與「形」的學問。十七世紀牛頓（Isaac Newton, 1642-1727）與萊布尼茲（Gottfried

Wilhelm Leibniz, 1646-1716）發明微積分，開始有能力掌握變動的量。函數與變換的概念，也因而日漸成長為數學裡重要的結構。這種比「數」與「形」更抽象的概念一旦成為數學研究的對象，人類創造各類抽象對象的限制似乎完全消失。數學的世界充滿了不具實存意義的物件，可是它們之間的規律，又持有比物理世界更絕對的確定性。

因此到了現代，數學已經遠超出研究「數」與「形」的範圍。如何刻劃數學研究的對象與特性，成為一個值得令人重新深思的課題。「模式」便是在這樣一種知識發展的背景中，被提出並且賦予統合意義的說法。

風吹草低見牛羊

本書的作者史都華是一位有成就的數學家，更練就一枝生花妙筆，在很多地方傳播數學的新知。他可能是繼《科學人》（*Scientific American*）雜誌「數學遊戲」專欄作家葛登能（Martin Gardner，《跳出思路的陷阱》及《啊哈！有趣的推理》作者）之後，寫數學普及文章最多產、也最有影響力的一位作家。

本書的特點在充分利用動力學，特別是非線性動力學的實例，說明模式的無所不在。這些數學的成果雖然是非常晚近的進展，但是像碎形、混沌等等新名詞，都能在極短時間內俘虜了大眾幻想的心。

自來水龍頭滴下的水滴，到底是以什麼過程與形式落下？馬匹奔騰的四蹄，到底是以什麼樣的順序與節奏邁進？環繞樹枝生長的葉片，到底按照什麼規則一圈圈伸展開來？這些現象都是日常生活中最容易看到的，但是它們背後的動力學成因，卻到最近幾年才搞清楚。如果你不看這本書，恐怕還不敢相信很普通的模式，卻具有極奧妙的產生機制。

「天蒼蒼，野茫茫，風吹草低見牛羊。」你可以想像一枝枝草葉在風中擺盪的情景，但是巨大數量的草葉個別的運動狀態，簡直無法精確描述。然而牧草的原則，卻又像浩瀚的海洋，葉尖在風行下會如波浪般有規則、有韻律的起伏。因此一旦尋找到適當的尺度，就有可能發現形態或運動的規律模式。當代的數學仍在努力尋找恰當的語言與工具，去表達與發掘更深刻的模式。作者所倡議的新數學——「形態數學」（morphomatics），恐怕是我們別無選擇、非得邁進的道路。

——一九九六年三月於中央研究院

（本文作者曾為中央研究院數學研究所研究員、總辦事處處長、中正大學哲學研究所教授）

開場白

虛擬幻境機

我現在就要帶您觀光這個數學宇宙
並且試圖送您一對數學家的眼睛

我有一個夢想……

我的周圍是一片虛無——並不是空洞的空間，因為空間尚未存在；也並非漆黑一片，因為色彩的概念還沒形成。那只是單純的虛無，等待著實有的來臨。

我默唸第一個指令：「我說要有空間」。但我要什麼樣的空間呢？我有許多選擇：三維空間，多維空間，甚至彎曲空間。

我做了選擇。

另一個指令下達之後，空間便充滿了某種無所不在的液體，其中生出無數波浪與渦流，某處是平靜的高潮，某處有一團泡沫，此外還有湍急的巨大漩渦。

我再把空間漆成藍色，並在液體中畫出許多白色的流線，好讓液體流動的規律呈現在我眼前。

我又將一個小紅球放在液體中，它立刻憑空騰起，絲毫不受周遭混沌的影響，直到我給它一個指令，它才沿著一條流線滑開。我將自己的身體縮小一百倍，動念讓自己跳到球面上，以便對開展的事物做一次鳥瞰。每隔幾秒鐘，我就在液流中放置一個綠色標籤，用來記錄小球的行徑。假如我碰觸到某個標籤，它便會緩緩如花朵般綻開，好像沙漠中的仙人掌受到雨水滋潤後綻開的慢拍快放畫面；而在每一個綻開的「花瓣」上，都有著許多圖形、數字與符號。而且，小紅球本身也會如花般綻放，當它綻放時，那些圖形、數字與符號也就跟著變化。

但我對那些符號的行進並不滿意，於是我將小球輕推到另一條流線上，不斷微調它的位置，直到看見一個絕對無誤的跡象，顯示出我正在尋找的一種奇異性，才停止這項行為。我打響一下手指，小球便將自己外推到未來，並向我回報它的發現。這下子很有希望了……突然之間，出現了一大團類似的小紅球，全都沿著液流游動，好像是一大群游魚。它們迅速開展、迴旋、伸出捲鬚、攤成一片一片。接下來，又有更多的小球加入這場遊戲——金色的、紫色的、褐色的、銀色的、粉紅的……，我險些要將所有的色彩用光。

七彩的平面互相交錯，形成複雜的幾何結構。我將它固定，為它打磨，並且漆上許多條紋，然後隨手一揮，將所有小球趕走。我再將那些標籤召來，檢視它們盛開的花瓣，並摘下一些貼在半透明的網格上。那幅網格也是剛凝聚成形的，彷彿消散的霧氣中顯現的一幅風景。

對了！就是這樣。我下了一道新的指令：「存檔。檔名：三體問題中一個新的混沌現象；日期：今天。」

空間立即崩潰，四周重歸一片虛無。這樣，今天上午的研究便完成了，於是我退出這台「虛擬幻境機」（virtual unreality machine），準備找個地方享受午餐。

這個奇特的夢想其實極為接近現實；因為我們已經有了「虛擬實境」系統（virtual reality system），可以模擬「普通」空間中的事物。而我將這個夢想稱為「虛擬幻境」，因為它所模擬的場景，全都是數學家豐富的想像力所創造的世界。事實上，這台虛擬幻境機大部分組件都已存在。例如，能讓您「飛過」任何幾何形體的電腦繪圖軟體；能夠依循任何一道方程式、展現變化模式的動力系統軟體；能夠替人進行最可怕的複雜運算，並且得出正確答案的符號代數軟體。數學家想要進入他們所創造的世界，只是時間早晚的問題。

帶您觀光「數學宇宙」

不過，這些科技雖然令人讚嘆，我的夢想卻不必靠它來實現。這個夢想早已成真，早已存在於每位數學家的腦海中。那正是數學家在創造過程中的感受，我只不過用了一點文學的誇張手法來描摹罷了。在數學家的世界中，區別不同物件的標示通常並非色彩，而是符號標記或名稱。對於生存在數學世界的人而言，那些標記與色彩一樣生動鮮明。

其實，除去五顏六色的影像之後，我的夢想正是每位數學家所居住的幻想世界——在那個世界中，彎曲空間或高於三「維」（dimension）的空間不只是稀鬆平常，根本就是無可避免的結構。

您或許會感到這些影像特異而陌生，與「數學」這兩個字聯想起的代數符號天差地別。這是因為數學家在描述他們的世界時，不得不借用符號與簡單的圖形；甚至數學家彼此之間的溝通亦然。但是，符號對數學的作用，就像音符對音樂的作用一樣。

過去許多世紀以來，眾多數學家的心靈合力創造了他們自己的宇宙。我不知道這個宇宙位於何處（我也不認為真有這麼一個「何處」），但我可以向您保證，一旦置身其中，您便會感到這個數學宇宙極其真實。弔詭的是，正是由於數學的精神宇宙如此特異，才為人類提供了許多對真實世界最深的洞察力。

我現在就要帶您觀光這個數學宇宙，並且試圖送您一對數學家的眼睛。而在這個過程中，我會盡力改變您對真實世界既有的看法。

第一章

大自然的秩序

數學之於自然界
有如福爾摩斯之於線索

我們生活在一個充滿模式（pattern）的宇宙中。

每天晚上，星辰循著圓形軌跡橫越天際；季節的更替每年周而復始。從沒有任何兩片雪花完全一樣，但它們的形狀一律是六重對稱；老虎與斑馬身上披著斑爛的條紋，豹子與鬣狗則點綴著斑點；結構繁複的波浪在海洋中此起彼落，沙漠中也有與波浪極為相似的沙丘。雨後的天空裝飾著七彩的弧線，那就是所謂的彩虹；而冬季的夜晚，月球周圍有時則會出現明亮的暈（halo）圈；此外，從潮濕的雲層中，會有球狀的水滴降落下來。

模式之美

人類的心靈與文化逐漸發展出一個認識、分類與利用模式的思想體系，我們稱之為「數學」。藉由數學將我們對模式的概念組織化、系統化，我們發現了一個大祕密：自然界的模式不僅僅是人們崇拜的對象，更是許多極重要的線索，能夠幫助我們了解主宰自然過程的法則。

四百年前，德國天文學家克卜勒（Johannes Kepler, 1571-1630）寫了一本小冊子《六角的雪花》（*The Six-Cornered Snowflake*），做為送給贊助者的新年禮物。他在書中做出一項推論：雪花必定是由許多相同的微小單元堆積而成。

當時並沒有原子或分子的明確概念，直到很久以後，物質由原子組成的理論才為世人接受。克卜勒未曾進行任何實驗，他只是絞盡腦汁考量各種各類的常識。他的主要證據來自雪花的六重對稱結構，那是規律堆積的一個自然結果。我們若是有一大袋相同的硬幣，想要以最緊緻的方式將硬幣鋪在桌面，那就會得到一個蜂巢狀的圖案：除了邊緣的硬幣外，每一枚硬幣都被其他六枚硬幣包圍，形成一個個完美的六邊形。

夜空中群星的規律運動也是一條線索，它所指出的事實是地球的自轉。而波浪與沙丘的線索，對應的則是主宰水流、沙流與氣流的法則。老虎身上的條紋與鬣狗身上的斑點，佐證了生物生長與形態的數學規律性。彩虹能告訴我們光線散射（scattering）的現象，間接證實了雨滴是球狀的。而月暈則是冰晶形狀的線索（譯注：暈是懸浮於大氣中的六角微小冰晶折射光線的結果）。

自然界的線索充滿美感，即使未曾受過任何數學訓練，我們也都能夠心領神會。而從這些線索出發，推導出基礎的法則與規律，這種數學過程本身也是一種美，不過這是另一個範疇的美感，它表現在觀念而並非事物上。

數學家一如福爾摩斯

數學之於自然界，有如福爾摩斯（Sherlock Holmes）之於線索——只要有一根雪茄煙蒂，這位小說裡虛構的大偵探就能推論出對方的年齡、職業與經濟狀況。而他的夥伴華生醫生（Dr. Watson）卻沒有那麼敏銳的觀察力，他所能做的只是發出瞠目結舌的讚嘆，直到偵探大師揭露他那無懈可擊的邏輯推論，華生才終於恍然大悟。

數學家是偵查大自然模式之謎的福爾摩斯，面對著六邊形雪花的線索，數學家便能推導出冰晶的原子幾何結構。而假如您只是一位華生，這樣的結論肯定會令您一頭霧水；不過請別擔心，稍後我會告訴您，數學福爾摩斯眼中的世界是什麼模樣。

除了美感之外，模式也具有實用價值。我們一旦認識基本的模式之後，一些例外就會立刻浮現眼前。

例如：荒漠是靜止的，但獅子卻不停走動；而在群星的圓周運動背景中，少數幾顆星辰的運動方式卻相當不同，似乎有意要人類對它們另眼相看。古希臘人將這些星星稱為「漫遊者」(planetes),這就是英文字「行星」(planet)的由來。事實上,人類在了解夜空的星辰為何呈現圓周運動後,又過了很長一段時間,才終於領悟行星運動的模式。歷經這麼漫長時光才能領悟的原因之一,是因為我們也位於太陽系內,隨著整個太陽系而運動。外在的旁觀者眼中相當簡單的事物,對當局者卻常常顯得極其複雜。總之,行星是重力法則與運動法則的線索。

奇妙的數字

我們至今仍在學習認識新的模式,而且遲至最近五十年,人們才終於明瞭兩種特殊的模式:所謂的「碎形」(fractal)與「混沌」(chaos)。

碎形是一種奇特的幾何圖形,它在愈來愈細微的尺度不斷自我重複,在本章末我會稍微提到一點關於碎形的內容。混沌看似隨機的現象,但它的來源卻完全是確定性的,在第八章我會花許多篇幅來討論。自然界早在幾十億年前就「知曉」這些模式了,因為雲朵就是碎形,而天氣便是一種混沌現象;人類則需要一段時間才能趕上進度。

數學中最簡單的元素是數字，自然界中最簡單的模式則是數字模式。您知道的，月球以二十八天為一個完整的週期，從新月到滿月再回到新月；每一年有三百六十五天（還要多一點）；人有兩條腿，貓有四條，昆蟲有六條，蜘蛛有八條；還有，海星有五隻臂（或十隻、十一隻、甚至十七隻，視品種而定）；普通的車軸草（俗稱苜蓿）則有三片葉瓣。

人們迷信四葉的車軸草會帶來好運，便反映了一個深植人心的信念：任何模式的例外，具有特殊意義。

事實上，花瓣的數目的確包含了一種極為奇妙的模式，下列這個奇特的數列：三、五、八、十三、二十一、三十四、五十五、八十九，幾乎囊括了所有花朵的瓣數。例如百合有三瓣，毛茛有五瓣，許多飛燕草屬植物都是八瓣，萬壽菊有十三瓣，紫菀有二十一瓣，而大多數的雛菊都是三十四、五十五或八十九瓣。除了這些數目之外，沒有任何其他數目出現得那麼頻繁。

這些數目之間有個明確的模式，不過需要花點腦筋才能察覺：每個數目都是前面兩個數目的和。例如三加五等於八，五加八等於十三等等。這組數字也出現於向日葵籽的螺旋狀圖案中，數世紀前就有人注意到這種特殊的圖案，它一直是個熱門的研究題目，但是直到一九九三年，真正令人滿意的解釋才終於出現。我會在第九章詳細討論這個問題。

數字模式？數字遊戲？

數術（numerology）是尋找模式最簡單的方法，因此也是最危險的。說它簡單是因為任何人都會，說它危險也是基於相同的理由。它的問題在於難以分辨何者是巧合，何者是真正具有意義的數字模式。

我可以舉個很適切的例子：克卜勒對自然界的數學模式深深著迷，他將一生中大部分的時間，都花在尋找行星行為的數學模式上。他曾提出一個很簡單、很俐落的理論，解釋為何剛好有六顆行星存在；在他的時代，人們只知道太陽系中有水星、金星、地球、火星、木星與土星。（譯注：這理論的根據是正多面體剛好只有五種：正四面體、正立方體、正八面體、正十二面體、正二十面體。將它們一個套一個，空間便分割成六個部分，分別對應六顆行星。）

此外克卜勒也發現，行星的軌道週期（orbital period，環繞太陽一周所需的時間）與它跟太陽的距離，兩者間存在著一個非常奇妙的模式。讓我們溫習兩個數學術語：個數的「平方」（square）是那個數自己乘自己的結果，例如，四的平方是四乘四，等於十六。一個數的「立方」（cube）則是那個數乘自己兩次的結果，例如，四的立方是四乘四乘四，等於六十四。克卜勒發現，將任何一顆行星與太陽的距離的立方，除以它的軌道週期的平方，都會得到一個相同的數值。那個數值並沒有什麼不得了，重要的是六顆行星全部對應同一個數值。

這兩個數術的觀察結果，哪一個比較具有意義呢？後人的判決是後者，雖然它看來像是隨性的組合，還牽涉到平方、立方的複雜計算。這個數字模式正是牛頓導出重力理論的關鍵步驟之一，而在牛頓重力理論出籠之後，有關恆星與行星運動的所有問題便迎刃而解了。

反之，克卜勒解釋行星數目的精巧、俐落的理論，已經完全遭到後人揚棄。最粗淺的理由就是它必定錯誤，因為我們現在知道太陽系的行星至少有八顆，絕非只有六顆。太陽系中也許還有更多的行星，但由於距離太陽太遠，而且太小、太暗，以致我們至今仍舊觀測不到。但更重要的是，我們不再期望找到一個精巧俐落的理論，來解釋或預測行星的數目。現在我們相信，太陽系是由太陽周圍的氣體雲（gas cloud）凝聚而成，行星的數目想必是由氣體雲中物質的多寡、分布方式，以及運動的速率與方向而定的。一團氣體雲有可能產生八顆行星，也同樣可能產生十一顆。行星的數目只是一個偶然，由當初氣體雲的初始條件（initial condition）所決定，而非一個普遍適用的模式，也不會反映任何一般性的自然律。

想要以數術的方式尋找模式，最大的問題在於幾百萬、幾千萬個偶然的結果中，才會發現一個真正的一般性模式，而且有時還很難分辨何者是模式，何者是偶然。

例如在獵戶（Orion）星座中，有三顆距離幾乎相等的恆星排成一列，形成了獵戶的「腰帶」。這是不是某個重要自然律的線索呢？另外一個類似的問題，則是有關木星的三顆較大的衛星：木衛一（Io）、木衛二（Europa）、木衛三（Ganymede）。這三顆衛星環繞木星的週期，分別為一．七七日、三．五五日與七．一六日，幾乎形成一個等比數列，每一項都是前一項的兩倍。這是一個意義重大的模式嗎？

在這兩個例子中，前者是三顆恆星的位置排成一列，後者是三顆衛星的軌道週期「排成一列」。這兩者哪一個才是重要的線索？還是兩者皆為巧合？

我準備讓各位讀者先思考片刻，在下一章再揭開謎底。

自然界的幾何

除了數字模式之外，自然界還存在著幾何模式。

事實上，本書應該叫作《自然界的數與形》。對於如今的書名《*Nature's Numbers*》（譯注：直譯為《自然界的數》），我有如下兩個理由：第一，這個書名比較好聽；第二，數學圖形總是能夠化約成數字，這就是電腦處理圖形的原理。螢幕上每個小點都被當成兩個數字來儲存與運算，其中一個對應於該點與螢幕右側的距離，另一個對應於它與螢幕底端的距離，這兩個數字稱為該點的座標（coordinate）。任何圖形都是由一組點所組成的，因此可以利用一串座標來表現。然而，我們通常最好還是將圖形視為圖形，這樣便能充分利用強而有力、並且極具直覺的感知能力——視覺。至於複雜的數字組合，就保留給我們較弱而且較吃力的符號處理能力吧。

長久以來，吸引數學家的圖形主要都是非常簡單的一些：三角形、正方形、五邊形、六邊形、圓、橢圓、螺線（spiral）、正立方體、球面、錐面（cone）等等。這些圖形都存在於自然界中，雖然有些極為普通而明顯，有些則不然。以彩虹為例，它是許多圓形的集合，每個圓對應於一種色彩。通常我們無法看到整個的圓，而只能看到一個圓弧，但是從空中望去，彩虹的確是許多完整的圓圈。此外，您還可以從池塘的漣漪中、人的眼睛裡，以及蝴蝶翅膀上看到各種大小的圓。

提到漣漪，我就想到液體的流動提供了取之不盡的自然模式。波浪有許多不同的種類：一排一排衝擊海灘的、船艇後方散成V字型的、海底地震產生的輻射狀的。大多數波浪都是許多小波浪的集合，但仍有某些是「孤立」的，例如湧向河口的海潮，當它的能量被局限在狹窄的河道中，就會造成這種所謂的「孤立波」（solitary wave）。除此之外，流體中還有迴旋的漩渦、微小的渦流，以及看來毫無結構可言、伴隨著凌亂泡沫的湍流（turbulent flow）——那是數學與物理學最大的難題之一。

在大氣中當然也有類似的模式，其中最壯觀的，要屬太空人在地球軌道上所見到的颶風大螺旋了。

地表同樣也有許多模式。地球上最驚人的數學景觀，出現於阿拉伯與撒哈拉沙漠中的「沙海」（erg）。即使那裡的風向固定且均勻一致，也會形成一個又一個的沙丘。最簡單的圖案是橫沙丘（transverse dune），它們就像海浪一樣，是許多互相平行的直列，剛好與固定的風向形成直角。有些時候各列沙丘會形成波浪狀，也就是波狀沙脊；有時它們還會碎裂成無數盾狀的新月形沙丘（barchan dune，簡稱新月丘）。

若是沙子有點潮濕，又有一些植被能將它們束縛在一起，我們就能發現拋物線狀的沙丘，形狀就像一個U字，開口方向與風吹來的方向相反。拋物線狀沙丘有時會成群出現，看起來就像耙子的尖齒。假如風向時常改變，沙丘便可能形成其他的形狀，例如群星狀的沙丘，每個都從中央隆起處輻射出數個不規則的臂，整個沙丘群就排列成了雜亂的斑點圖案。

看看動物界的模式

自然界對條紋與斑點的喜愛也延伸到動物界，老虎、豹、斑馬、長頸鹿都是明顯的例子。

動植物的形體與模式是數學心靈的最佳遊獵場，比如說，為何那麼多的貝類呈螺旋狀？海星為什麼擁有對稱的臂？為什麼許多病毒的外形是規則的幾何圖形，其中最不可思議的一種是正二十面體（icosahedron，由二十個正三角形構成的規則立體結構）？為何那麼多的動物具有兩側對稱（bilateral symmetry）：這種對稱又為什麼不是放諸四海皆準，您稍微仔細點觀察，就會發現例外，例如人類心臟的位置，或是大腦左右半球間的差別？還有，為什麼大多數人都慣用右手，卻又有不少人是左撇子？

除了軀體形狀的模式之外，生物界還存在著許許多多動作的模式。譬如人類在行走時，雙腳以規則的節奏踏向地面：左、右、左、右、左、右。當一隻四腳動物（比方說一匹馬）行進的時候，伴隨的模式則更為複雜，不過卻同樣具有節奏。這種運動的普遍模式甚至涵蓋了昆蟲的爬行、鳥類的飛翔、水母的脈動，魚類、無足蟲類、蛇類的波浪狀運動。有一種沙漠地帶的角響尾蛇（sidewinder），前進時全身就像是一根螺旋狀的彈簧，一面畫著S形曲線一面向前衝，以便盡量減少與滾燙的沙子接觸的面積。還有，微小的細菌會利用微型螺旋狀尾巴推進，那種尾巴能像螺旋槳一樣剛硬地旋轉。

雲朵形狀和大小不相干

最後，我要討論另一種範疇的模式。這種模式直到最近才吸引住人類的想像力，卻立刻造成轟動與熱潮。我們對這種模式的認識其實才剛起步而已；它存在於我們本以為散亂而無結構的地方。

例如，讓我們想像一團雲朵。雖然氣象學家早已根據形態將雲朵分類，包括卷雲（cirrus）、層雲（stratus）、積雲（cumulus）等等，但那些都是非常籠統的形狀，並非傳統數學家所能辨識的幾何圖形。我們從來沒有見過球狀的、立方的，或是正二十面體的雲朵，它們一律是沒有固定形狀的、稀疏而模糊的一團。然而，雲朵確實擁有一種非常獨特的模式，一種對稱性，它與雲朵形成的物理過程有密切的關係。

簡單地說，就是我們無法一眼看出雲朵的大小。如果我們看到一頭象，便能大致估計出牠有多大（像房子那麼大的象會被本身的重量壓垮；像老鼠一樣大的象不可能有那麼粗的腿）。但雲朵卻完全不同，遠方的一大團雲看來與近處的一小團雲一模一樣，因此無法分辨它是距離遙遠或是體積真的很小。當然，雲朵有許多不同的形狀，不過那些形狀與體積都沒有系統化的關係。

雲朵形狀的「尺度無關性」（scale independence）已經由實驗證實了，在雲朵的尺度改變一千倍時仍然成立。換句話說，一公里寬與一千公里寬的雲朵看來並沒有什麼分別。這種模式也是一條線索：水蒸氣凝結成液態水的「相變」（phase transition）過程，是雲朵形成的物理機制，而物理學家已經發現，所有的相變都具有同樣的「尺度不變性」。

其實，這種所謂「統計性自我相似」（statistical self-similarity）在其他自然形體中也能發現。我有一個研究油田地質學的瑞典籍同事，常喜歡給人看一張幻燈片——是他的朋友站在一艘小艇上，安穩地倚靠著旁邊的一個岩棚，岩棚的高度只到他的腋下。這張幻燈片完全看不出破綻，那艘小艇明明停泊在一個兩公尺深的小峽谷邊緣。事實上，那個岩棚位於遠方峽灣的一側，高度大約有一千公尺。想要照出這樣的相片，困難主要在於得將前景的人物與遠方的風景照得同樣清晰，這樣便能讓人信以為真。

沒有人會試著用一頭大象玩同樣的把戲。然而，這個把戲卻可以用在自然界的許多形體上，包括山脈、河流網絡、樹木，甚至物質在整個宇宙中的分布都很有可能。

數學家曼德布洛特（Benoit Mandelbrot, 1924-2010）管它們叫作「碎形」，並將這個名詞發揚光大。在過去四十年間，一項研究不規則性的科學「碎形幾何」

已迅速崛起。但是我不準備多談碎形，不過造成碎形的動力過程——所謂的混沌現象，將是本書的主角之一。

更深入的視野

隨著這些嶄新數學理論的發展，過去難以捉摸的自然模式已漸漸給揭開了神祕面紗。除了知性的衝擊之外，我們也正在見證實際的應用。我們對於自然界的神祕規律有了嶄新的了解之後，這些知識已被運用到各個領域上。例如操縱人造衛星航向一個新目的地，所消耗的燃料之少是過去任何人做夢也想不到的；還有，幫列車頭與其他滾動式機械避免輪子的磨損，增進心律調節器的效率，管理森林與漁場等等，都幫得上忙；甚至可以用來製造更有效率的洗碗機。

但是最重要的一點，在於它為我們居住的這個宇宙，以及我們在宇宙中的位置，提供了一個更為深入的視野。

第二章

數學能做什麼？

好的數學不論它出身何處
最後必定會在實際問題中派上用場

現在，我們已建立了一個毫無爭議的共識，那就是自然界充滿著各種模式。可是我們要拿這些模式做什麼呢？至少，我們可以坐下來好好讚美它們一番。與自然界親密對話，對每個人都有好處——這樣能提醒我們在自然界該扮演的角色。

想要表達我們對這個世界，以及對我們自己的感情，繪畫、雕刻與作詩都是很有效、很重要的方式。

企業家的本能是開發利用自然世界；工程師的本能是改造它；科學家的本能是試圖了解它，探究出其中的道理；而數學家的本能，則是尋找貫穿不同領域的一般性通則，以便將了解的過程結構化。這些本能，我們每個人或多或少都擁有一些，而每一項本能也都兼有利弊。

數學扮演的角色

我準備在本章中，告訴您數學本能對人類了解大自然所做的貢獻，不過在此之前，我想先提一提數學在人類文化中扮演的角色。

在您購買任何東西之前，通常都會有相當明確的概念，知道想拿那樣東西來做什麼。如果是買一台冰箱，那當然是要用來保存食物；不過您考慮的絕不只這一點，還會想到需要存放多少食物，冰箱準備放在哪裡。有時您考量的不一定是實用性，例如您也可能想買一幅畫。不過您還是會問自己，準備將畫掛在哪裡，它的美感值不值得它的要價。數學也不例外；任何的知性世界觀，不論是科學的、政治的、宗教的皆如是。在您購買某樣貨品之前，最好先決定準備拿它做些什麼。

那麼，我們想從數學中得到些什麼？

自然界每個模式都是一個謎，而且幾乎總是很深的謎。數學的拿手好戲就是幫我們解謎，它可說是一種系統的方法，能將藏在某些模式或規律底下的法則與結構發掘出來，再利用那些法則與結構來解釋事物的原理。事實上，數學的發展與我們對自然的了解齊頭並進，兩者不斷互相補充發揚。

我曾經提到克卜勒對雪花所做的分析，但他最有名的發現則是行星軌道的形狀。與他同時代的丹麥天文學家第谷（Tycho Brahe, 1546-1601，譯注：在文獻中他通常簡稱Tycho），累積了眾多的天文觀測數據，克卜勒便利用數學分析那些數據，終於得到一個無庸置疑的結論：行星沿著橢圓軌道行進。

橢圓是一種卵形的曲線，古希臘的幾何學家已經研究得很透徹了。然而，古代天文學家都喜歡用一個或一組圓形來描述行星軌道，因此在當時說來，克卜勒的理論體系是相當激進的。

對於任何新的發現，人們的著眼點都是這項發現對自己有什麼重要性。當時的天文學家獲悉克卜勒的新理論之後，立刻了解到一個事實，那就是遭到忽視的古希臘幾何學，能夠幫助他們解決預測行星運動的難題。他們根本不必動用太多的想像力，便能看出克卜勒向前邁出了一大步。各種的天文現象，例如天體的「食」（eclipse）、流星雨（meteor shower）、彗星（comet），都應該服從相同的數學理論。

數學家所想到的就不一樣了。由於橢圓的確是一種很有趣的曲線，他們根本不必動用太多想像力，便看出曲線的一般性理論會更加有趣。數學家的研究可以從畫出橢圓的幾何規則著手，試圖修改這些規則，看看會導致什麼樣其他種類的曲線。

變化率的變化率

同理，在牛頓的劃時代發現：物體的運動可由作用於其上的力與加速度

（acceleration）兩者間的數學關係來描述，數學家與物理學家從中學到的內容也完全不同。

不過，在討論他們學到的是什麼之前，我需要對加速度做一些解釋。加速度是一個很微妙的觀念，它不是像長度或質量那樣的基本量，而是一個變化率。嚴格說來，它是一個「二階」變化率；換句話說，是變化率的變化率。

一個物體的速度（velocity），也就是物體在某個固定方向上的速率（speed），是一個普通的變化率，是物體的位置對某個選定點的變化率。舉個例子，如果一輛汽車以每小時六十英里的固定速率運動，則它與出發點的距離每小時會變化六十英里。加速度是速度的變化率，如果那輛汽車的速度從每小時六十英里增加到每小時六十五英里，它的速度便增加了一個固定量。加速度的大小不僅由前、後的速率決定，也跟這個變化發生的快慢有關。假如那輛車要花一小時才能增加每小時五英里的速率，它的加速度就非常小；反之，若是只需要十秒鐘，那麼加速度就相當大。

我並不準備詳述加速度的測量，我要強調的是一般性的原則：加速度是變化率的變化率。我們可以用捲尺測量距離，可是想要測量變化率的變化率卻困難得多。這就是人類為何花費那麼久的時間，還需要靠牛頓這樣的天才人物，才終於發現了「運動定律」（law of motion）。假使「運動定律」只跟明顯的距離有關，那麼在人類的歷史上，運動定律的發現一定能夠提早許多年。

微積分改變了世界

為了能夠處理有關變化率的問題，牛頓發明了一門新的數學——微積分（calculus）。與此同時，德國數學家萊布尼茲也獨立發展出相同的理論。

「微積分改變了整個地球的面貌」，這樣說有實際上與比喻性的雙重意義。因為歷史又再度重演了，對於不同的人，同樣的發明還是激發出了不同的想法。物理學家開始尋找能以變化率解釋自然現象的其他定律，他們的收穫豐富，涵蓋了熱學、聲學、光學、流體力學、彈性力學、電學與磁學等領域。甚至連最神祕的當代基本粒子理論，使用的仍是同樣的數學結構——雖然它的解釋不同，就某種程度而言，也隱含了與傳統相異的世界觀。

縱然如此，數學家卻從中發現一組完全不同的問題。首先，他們花了很長的時間，設法解決「變化率」的真正含義。因為想要求出運動物體的速度，就必須測量它原先的位置，在一段很短的時間之後，再測出它跑到了哪裡，然後將行進的距離除以經過的時間。然而，如果物體在做加速度運動，上述的結果就跟選取的時間間隔有關。

對於如何處理這個問題，數學家與物理學家具有相同的直覺：選用的時間間隔應該盡量小。假使我們能用「零秒」做為時間間隔，那麼一切都會十分完美，不幸的是那樣行不通，因為它會使行進的距離與經過的時間都等於零，而「零除以零」這樣的變化率並沒有意義。我們真正應該做的，是選取最小的非零時間間隔，可是這種東西根本不存在。伴隨非零時間間隔而產生的問題，主要在於不論我們如何選取，總是可以找到一個更小的時間間隔，能讓我們得到更為精確的答案。因為不論多麼小的非零時間間隔，它的二分之一仍舊不是零，但是肯定比它還要小。

假使時間間隔可以設定成「無限小」（infinitesimal），那麼所有問題都將迎刃而解。令人遺憾的是，無限小的觀念會帶來一些邏輯上難解的矛盾。尤其是我們如果僅僅考慮普通的「數」，那麼其中根本沒有什麼「無限小」。因此大約有兩百年的時間，人類對待微積分的態度十分奇妙。物理學家一直利用它來了解大自然，預測新的自然界行為，並且獲致極大的成功；數學家卻始終擔心它的真正意義，以及如何建立一個最嚴密的體系，使它能夠成為一套合理的數學理論；而哲學家卻辯稱這一切都毫無意義。最後，所有的問題終於獲得解決，但至今我們仍可看到這三種截然不同的態度。

數學家的憂心

微積分的故事闡釋了數學的兩大目的：一是提供新的問題，讓數學家設法找出令他們滿意的答案；二是提供工具，讓科學家得以計算自然現象。這是數學的內、外兩面，通常被稱為「純」數學與「應用」數學。（兩個形容詞我都不喜歡，我更不喜歡兩者所隱含的界線。）在這個問題上，物理學家看來早有定見：既然微積分的運算似乎行得通，又何必管它為何行得通呢？今天，從那些自詡為實用主義者的嘴裡，您還是能聽到同樣的論調。

我承認在許多方面，這樣的態度並沒有錯。工程師在設計橋梁時，當然可以使用各種標準的數學方法，即使他們並不知道其中的細節，以及這些方法所根據的（通常相當奧祕的）數學基礎。然而至少就我個人而言，假如我知道沒有任何人明白那些數學方法的根據，我開車過橋的時候就會感到提心吊膽。因此之故，在文化層面上，的確值得有些人為實用方法的根據操心，並試圖找出它們管用的真正原因。這正是數學家的工作之一，他們樂在其中，他們的研究衍生的種種副產品則能嘉惠眾人，這些我們在下面會一一討論。

在短時間內，數學家對微積分的邏輯性是否滿意，似乎根本沒有什麼差別。但最後的結果是，數學家為這些內在困難操心而得到的新觀念，對外在世界其實非常有用。在牛頓的時代，絕對無法預測它究竟會有什麼用，但我想即使您生在那個時代，也會預測到它總有一天會有大用。

數學與「真實世界」間最奇特的關係之一，同時也是最強而有力的，就是一種好的數學，不論它出身何處，最後必定會在實際問題中派上用場。

數學絕對是有用的工具

曾經有許多人提出各種理論，解釋到底為什麼數學會這麼有用，討論的範圍從人類心靈的結構，到宇宙是由數學單元建構的說法都有。我個人的感覺是，這個問題的答案或許相當單純：數學是研究模式的科學，而大自然幾乎用盡了存在於世上的所有模式。我必須承認，想要提出令人信服的理由，以解釋自然界為何會這樣，是更加困難的問題。也許這個問題本末倒置了，也許關鍵在於能夠提出這種問題的智慧生物，只能從擁有這種結構的宇宙演化出來。

不論真正的原因為何，想要探究自然，數學絕對是一個有用的工具。然而，對於我們所觀察到的各種模式，我們究竟要數學告訴我們什麼呢？

答案不一而足：我們想要了解它們如何發生；想要了解它們為何發生（這可是另一個問題）；想要以最令人滿意的方法，將底層的模式與規律性組織起來；想要預測自然界的行為；想要控制自然為我所用；想要將我們從這個世界學到的知識做實際的應用。數學能幫助我們做到上述所有的事，而且通常還是不可或缺的一環。

舉例而言，讓我們探討一下蝸牛殼的螺旋結構。蝸牛如何製造牠的外殼，這主要是化學與遺傳學的問題。粗略地說，蝸牛的基因（gene）包含了製造特殊化學物質的配方，以及蝸牛殼應當如何生長的指令。在這一方面，數學能幫助我們替分子算帳，估計使各個化學反應得以進行的分子數量；描述外殼中各種分子的原子結構，以及外殼物質的強度與硬度（外殼與蝸牛身體的軟弱形成強烈對比）

等等。

事實上，假如沒有數學的話，我們根本無法讓自己相信物質的確由原子構成，也沒有辦法找出原子排列的方式。基因的發現，以及後來發現的去氧核糖核酸（DNA, deoxyribonucleic acid）分子結構（也就是建構基因的基石），全都有賴於各種數學證據。

數學促發生物學革命

上個世紀，孟德爾（Gregor Mendel, 1822-1884）修士就注意到植物經過雜交之後，具有不同特徵（例如種子的顏色不同）的植株比例變化，存在一個準確的數值關係。這個發現導致了遺傳學基本概念的誕生；這基本概念是：在每個生物體中，都有一些因子組成的密碼，能夠決定該生物的許多特徵。當這些因數從親代傳到子代時，會經歷混合與重組的程序。

著名的DNA雙螺旋的發現，也牽涉到許多不同的數學工具。它們有些非常簡單，例如奧地利裔美籍生化學家查加夫（Erwin Chargaff, 1905-2002）發現的「查加夫法則」——DNA的四個鹼基（base，亦稱「鹽基」）互相之間的比例固定；有些則相當複雜，例如繞射定律（law of diffraction）——正是根據這個定律，才能從DNA的X射線繞射圖樣中推測分子的結構。

至於蝸牛為何擁有螺旋狀外殼，則是另一個截然迥異的問題。這個問題可以從幾個不同的角度切入，例如短期的生物發育觀點，或是長期的演化觀點。就發育過程而言，主要的數學角色在於螺旋的形狀。基本上，發育過程就是某種生物漸漸變大，但行為幾乎始終不變的幾何問題。

讓我們想像一種微小的動物，身上長有微小的原型外殼，然後這個動物開始慢慢長大。它最容易生長的方向是外殼的開口端，因為牠若是想往別處生長，一定會被自己的外殼阻擋。但是當牠長大一點之後，為了保護自己的身體，牠也需要將外殼延伸。因此，當然是外殼的外緣再長出新的一圈。這個過程不斷持續下去，那個動物愈長愈大，外殼的邊緣也就愈來愈大。最簡單的結果，便是長成一個錐狀的外殼，例如蝛（limpet，俗稱帽貝）就是一個很好的例子。不過，如果牠在剛開始生長的時候，身體與外殼都稍微扭曲（這是很有可能的情況），那麼當外殼漸漸膨脹時，外殼的生長邊緣就會以離心的方式緩緩轉圈，結果就會形成一個不斷向外膨脹的螺旋錐面。我們可以利用數學，列出外殼最後的幾何形狀與所有相關變數之間的關係，例如生長速率與生長離心率（eccentricity）之間的關係。

電腦模擬眼睛演化

另一方面，如果要探尋長期演化觀點的解釋，我們或許應該對外殼的強度更加注意，因為它是一個有利的演化因素。然後，再試圖計算細長的錐面與緊緻的螺旋錐面何者堅硬。或者我們的企圖心還可以更大一些，索性建立一個演化過程的數學模型，將隨機的基因變化，也就是突變（mutation），與天擇（natural selection）等因素考慮在內。

這種想法的一個極佳範例，是瑞典演化學家尼爾生（Daniel Nilsson）與佩格（Susanne Pelger）利用電腦模擬眼睛演化的研究，他們的結果發表於一九九四年。

我們應該記得，傳統演化論將動物形體的變化視為是由隨機突變所引發，再經過天擇篩選後的結果，留存的都是最適於生存與生育下一代的物種。達爾文（Charles Darwin, 1809-1882）發表演化論之後，所受到的首批反對意見之一就是：許多複雜結構（例如眼睛）的演化，必須畢其功於一役，否則根本無法發揮功能（半隻眼睛毫無用處）。然而，隨機突變幾乎不可能產生如此一系列環環相扣的複雜變化。

對於這樣的質疑，演化論者很快便做出回應，他們說雖然半隻眼睛也許沒什麼用，但發育到一半的眼睛或許有用。比如說，具有視網膜（retina）而沒有晶狀體（lens）的眼睛仍然能夠蒐集光線，因而得以偵測外界的運動。而只要能增進偵測捕食者的能力，就是演化過程中一項有利的因素了。

這樣的質疑與回應原本只是口頭上的論戰，但最近的電腦分析卻能超越這個局限。

尼爾生與佩格的這個數學模擬，起始狀態是由細胞組成的平坦區域。模擬的演化允許各種不同的突變發生，例如某些細胞會變得對光線更敏感，而整個區域的形狀可以彎曲。這個數學模型被寫成電腦程式，以便讓這類細微的隨機變化不斷發生，並且能計算變化後的結構在「看」東西時，對光線的偵測力與對形樣的辨識率改善多少，然後揀選能改良這些能力的變化繼續進行模擬。

結果是，在一個對應大約四十萬年（就演化觀點而言只是一瞬間）的模擬過程中，那些細胞彎曲成一個球狀的空腔，還有一個類似虹膜（iris）的開口，更戲劇性的結果是生出一個晶狀體。更有甚者，就像我們眼睛的晶狀體一樣，它的折

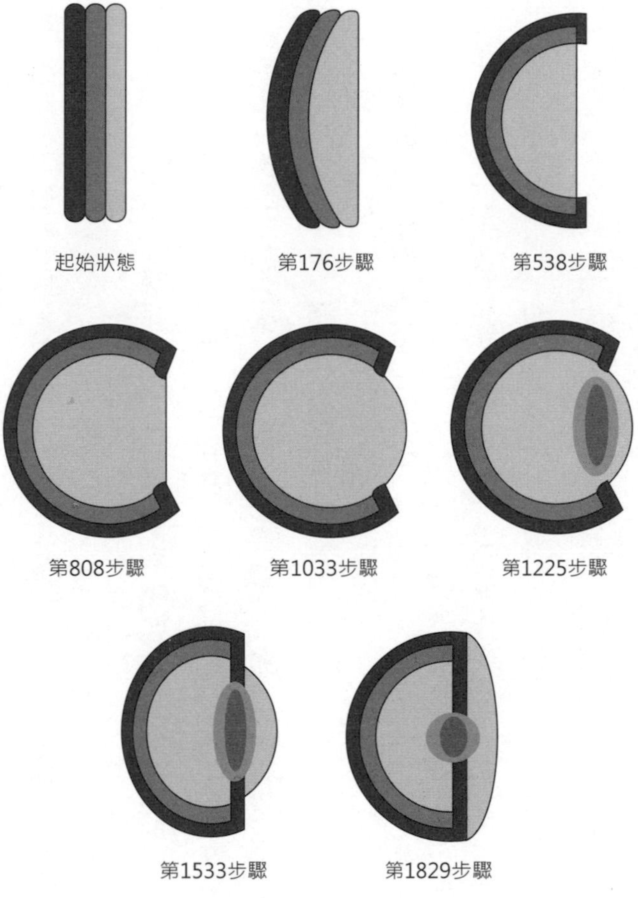

眼睛演化的電腦模擬，每個模擬步驟大約對應二百年的演化時間。

射率（refractive index，使光線彎曲的能力）各處並不相同。事實上，模擬出的折射率變化形式與我們的眼睛非常接近。

因此在這個問題上，數學告訴我們眼睛絕對能夠逐漸地、自然地演化出來，而且存活的潛能會一步步增加。除此之外，尼爾生與佩格的研究還顯示：只要擁有某些關鍵性的生物機能（例如細胞接受光線的能力以及移動的能力），細胞就會形成與眼睛極為相似的結構。這些都符合達爾文提出的天擇原則。

尼爾生與佩格的數學模型提供的許多額外細節，原本是達爾文信徒只能臆測的事情。這麼一來，更讓我們對這個演化論證的信心倍增。

再談獵戶座與木星三衛星

我在前面提到，數學的另一項功能是以最令人滿意的方法，將底層的模式與規律性組織起來。為了闡釋這一點，且讓我們回到上一章提出的問題：獵戶座中三顆恆星排成一列的模式，與木星三顆衛星的公轉週期排成一列的模式，何者具有重大意義？或是兩者皆為巧合？

我們先來討論獵戶星座。在許多古代文明中，都曾將天上的星辰根據動物或神話英雄組織起來。就這個目的而言，獵戶座中三顆恆星排成直線的確很有意義，否則那位英雄就沒有腰帶懸掛佩劍了。然而，如果我們以三維幾何做為依據，將這三顆恆星放在天空中正確的位置，我們將發現三者與地球的距離差異極大。它們排成等距離的一列只是巧合，只有從地球的位置看去才顯得如此。事實上，就客觀的、一般性的觀點而言，「星座」（constellation）這個名詞本身就是一個錯誤。

而木衛一、木衛二、木衛三的公轉週期所呈現的數值關係，也可能只是主觀意識產生的巧合。我們又怎能確定「公轉週期」有什麼真正的、自然的意義呢？然而，這個數值關係的確與動力學有很深的關聯，它是「共振」（resonance）的一個範例。這裡所謂的「共振」，是指在一個系統中數個進行週期運動的物體，它們的週期會互相鎖定，每過一個固定的時間之後，它們全都會回到原先的相對位置。這個固定的時間稱為系統的週期。

系統中各個成員的週期可以不同，不過相互之間都有關係，這個關係並不難算出來。在一個發生共振的系統中，所有成員在做了數個完整的週期運動後，都會回到一個標準的參考位置；不過每個成員運動的周數可能不同。因此，整個系統有一個共同的週期，每個成員的週期則是共同週期的整數分之一。在我們所討論的這個問題中，這個共同週期就是木衛三的週期：七．一六日。木衛二的週期很接近木衛三週期的一半，木衛一的週期則很接近四分之一。每當木衛三環繞木星一圈時，木衛二會繞兩圈，木衛一則繞四圈，然後又都會回到原先的相對位置。我們稱之為「一：二：四」共振。

因為共振的緣故

太陽系的動力系統充滿了共振。

月球的自轉由於受到其他天體的攝動（perturbation），因而有輕微的起伏，不過它的自轉週期與它環繞地球的公轉週期相同，這是自轉週期與軌道週期的「一：一」共振。因此，我們在地球上總是看到月球的同一側，從來無法看到月球的「背面」。

水星每隔五十八．六五日自轉一周，每隔八十七．九七日公轉太陽一周。二乘八十七．九七等於一七五．九四，而三乘五十八．六五等於一七五．九五，因此水星的自轉週期與軌道週期是一個「二：三」共振。事實上，長久以來，天文學家一直以為兩者構成「一：一」共振，以為兩個週期大約都是八十八日。因為想要觀察像水星這麼接近太陽的行星，實在是一件很困難的事情。這使得天文學家相信，水星的一側熱得不可思議，而另一側則冷得不可思議，最後卻發現事實並非如此。不過共振還是存在，而且比單純的「一：一」更有意思。

在火星與木星之間，有一個寬闊的小行星帶（asteroid belt），其中包含了數千個微小的天體。這些小行星的分布並不均勻，在某些與太陽距離固定的軌道上，我們發現還有些「小行星子帶」，在其他距離上則幾乎找不到它們的蹤跡。這兩者都得歸因於與木星的共振。

希耳達群（Hilda group）小行星就位在小行星子帶，它們與木星形成「二：三」共振。也就是說，這群小行星所處的位置，剛好使它們在木星公轉兩圈的時間中環繞太陽三圈。而最有名的小行星帶隙（gap of asteroid），則是「一：二」、「一：三」、「一：四」、「二：五」與「三：七」的共振。

各位讀者也許有些擔心，為什麼共振同時能夠解釋小行星帶的叢聚與間隙呢？答案是每一個共振都具有本身的動力學特徵，某些會造成叢聚效應，某些的作用則剛好相反，全都由共振比例數字來決定。

借數學來預測

數學的另一項功能是進行預測。

在了解天體的運動之後，天文學家便能預測月食、日食，以及彗星的回歸等等。他們知道應該將望遠鏡對準何處，才能重新發現運行到太陽背面、暫時無法觀測的小行星。由於潮汐主要是由日、月與地球的相對位置所控制，所以他們也能預測許多年後的潮汐。（但這種預測的主要困難並非來自天文學，而是大陸的形狀與海底的地形，它們都能使某個高潮提前或延後。然而，即使過了一個世紀，這些地理因素也幾乎不會有什麼改變，因此一旦了解它們造成的效應之後，將這些效應考慮在內只是例行公事。）

反之，想要預測天氣則困難無數倍。對於控制天氣的數學，我們知道的跟控制潮汐的數學一樣多，可是天氣天生就有一種不可預測性。縱使如此，氣象學家仍能做出有效的短期預測，比方說三、四天以後的天氣。不過，天氣的不可預測性與隨機性毫無關聯。在第八章中，當我們討論到混沌概念的時候，將會詳加探討這個題目。

數學所能做的遠不止於預測。一旦了解某個系統如何運作，我們就不必再做個被動的觀察者了。我們可以試圖控制這個系統，讓它照我們的意思行事。可是最好不要野心太大，例如天氣控制就仍處於嬰兒期，我們還無法隨心所欲地造雨，即使天上有一大團現成的雨雲。

控制系統的例子不勝枚舉，從保持汽鍋溫度固定的恆溫器（thermostat）到中世紀式的造林。還有，假如沒有精妙的數學控制系統，太空梭就會在空中橫衝直撞，因為任何太空人絕對沒有足夠迅速的反應，可矯正它固有的不穩定性。至於使用電子式心律調節器幫助心臟病患者，則是控制的另一項實例。

這些例子，讓我們看到數學最為實際的一面，也就是它的實際應用：數學如何造福人群。

數學總是隱身幕後

我們的世界奠立在數學基礎上，數學不可避免地深植於全球文化中。我們並非總能夠了解數學對我們的生活有多大影響，理由是它被人盡可能藏在幕後。

這是很合理的，譬如您找旅行社安排一次度假旅遊時，不必了解設計電腦或電話線的數學與物理理論，也不必了解使某座機場能起降最多架次飛機的最佳化（optimization）程式，或是為駕駛員提供正確雷達影像的信號處理方法。當您收看電視節目的時候，也不必了解在螢幕上製造特殊效果的三維幾何、藉由衛星傳送電視訊號的編碼方式、解出衛星軌道運動方程式的數學技巧，以及在製造可將衛星送到定位的太空的各個零組件時，每個步驟所應用的數千種不同的數學工具。還有，農夫在種植新品種的馬鈴薯時，也不必知道遺傳學統計理論，不必知道這理論如何幫助育種學家找出何種基因使這品種具有抗病性。

然而，以前一定有人了解這一切，否則飛機、電視、太空船、抗病性的馬鈴薯都不可能發明出來。現在也需要有人了解這一切，否則它們就不會繼續運作。而將來也需要有人發明新的數學，以便解決新出現的或迄今尚未有解的難題，否則當我們面對某種改變，必須解決新的問題，或是舊問題需要新的解答時，我們的社會便會崩潰。

假如數學以及所有植基其上的發展，突然之間從我們的世界消失，人類社會將在瞬間四分五裂。又假如數學從此停滯不前，再也不會向前邁出一步，我們的文明便會很快開始倒退。

不能急功近利

我們不應該指望新的數學能夠產生立即的經濟效益。將一個數學概念轉移到可以在工廠生產、可以應用於家庭的產品，通常都需要花上一段時間，一段很長的時間。

花費一個世紀是很尋常的事。我們將在第五章討論，十七世紀科學家對小提琴弦振動的研究，如何在百年之後導致無線電波（radio wave）的發現，以及收音機、雷達與電視的發明。這個過程也許能夠快一點，但是不會「那麼」快。

在這個愈來愈注重管理的文化中，許多人抱持一種看法：只要將目標集中在應用上，而忽略那些「好奇心驅策的研究」，科學發現的過程總有辦法加速。

假如您也這麼想，那就大錯特錯了。事實上，「好奇心驅策的研究」這種說法直到最近才出現，那是一些沒有想像力的官僚故意發明的貶詞。他們只想要一些很乾脆的計畫，可以保證得到短期的回收。這種心態實在太過幼稚，因為目標導向的研究只能帶來可預期的成果。想要瞄準一個目標，你必須能先看到它；可是我們看得到的東西，競爭者同樣也能看見。

一味追求穩當可達成目標的研究，會使我們變得貧乏。因為真正重要的突破總是不可預期，它們的重要性正在於不可預測性，它們總是以我們意料之外的方式改變這個世界。

此外，目標導向的研究常常會碰壁。不只數學如此，其他的科學研究也是如此。舉例來說，科學家在發現靜電複印術（xerography）之後，工程師又花了差不多八十年的苦工，才終於研發出實用的影印機。最早的傳真機一個多世紀前便已發明，但是一直無法做到夠迅速、夠可靠的程度。全像（holograph，三維的圖案，看看您的信用卡便能體會）的原理也是一個多世紀前發現的，可是當時沒人知道如何產生必需的同調（coherent）光束，也就是所有光波都同步的光束。

在工業發展史上，這種延遲並非什麼不尋常的事，理論性的科學研究就更不用說了。通常，都是在一個意想不到的新理論登場之後，既有的瓶頸才得以突破。

給夢想家一些空間

藉著目標導向研究來達到特定的、可行的目標，這並沒有什麼不對，可是也該讓夢想家與不墨守成規的人擁有一些自由空間。我們的世界並不是靜態的，新的問題永遠層出不窮，舊的答案常會失去效用。

就像卡羅（Lewis Carroll, 1832-1898，本名Charles Dodgson）筆下的紅王后，我們必須跑得很快才能站穩腳跟。（譯注：紅王后指的是《愛麗絲漫遊奇境》中的西洋棋王后，在她的國度中，一切景物都不斷地飛快運動。）

第三章

數學是什麼？

數學不只是許多孤立事件的集合體

它看起來更像風景

當我們聽到「數學」這個名詞時，心中立刻會想到的就是數字。數字的確是數學的心臟，是許多數學結構的素材，並且具有無遠弗屆的影響力。不過，數字本身只是數學的一小部分。

我們住在一個充滿數學的世界，但是只要有可能，數學都會巧妙地藏在地毯下面，讓使用者不會感覺到它的存在。然而，某些數學概念太過基本，根本就無法隱藏，數字便是一個特別突出的例子。

比如說，要是不會數雞蛋與加減法，我們甚至不能購買食物。因此我們要在學校教授「算術」（arithmetic），每個人都要學會。不懂算術的人，就像不會讀寫一樣是個文盲。這就在一般人心目中造成一個強烈印象，認為數學主要就是在研究數字。

並不盡然是這樣，我們在算術中學到的數學技巧，只不過是冰山的一角。我們對數學的其他部分不必知道太多，也照樣能過著正常的生活，但我們的社會卻無法僅靠這麼有限的成分運作。數字只是數學家研究的對象之一，在本章中，我會試著告訴您某些其他的數學對象，並且解釋它們為何同樣重要。

數學從計數開始

無可避免地，我的出發點仍將是數字。數學的史前史有很大一部分，能總結為各種文明發現愈來愈多、得以稱為數字的事物。

我們用來計數的數字是最簡單的一種，事實上，早在諸如1、2、3這種符號發明之前，人類便已經懂得如何計數了，因為計數其實完全不必用到數字，比方說，我們的手指便能取而代之。我們可以算出「我擁有兩隻手和一根拇指的駱駝」，方法是看到一頭駱駝就拗下一根手指。我們根本不必有「十一」這個數字的觀念，也能隨時知道是否有駱駝被偷走了。下次再數的時候，若是發現只剩下兩隻手的駱駝，就代表有一根指頭的駱駝失蹤了。

我們也能將計數的結果，以刮痕的方式記錄在木片或骨頭上。或者也可以製造一些象徵性的計數碼，例如在黏土製成的圓盤上畫一頭綿羊或一頭駱駝，當作數綿羊或數駱駝的工具。當那些動物列隊走過我們面前時，我們就把計數碼丟進一個袋子裡，每個計數碼對應一隻動物。

人類使用符號來代表數字，或許早在五千年前便已發展出來。最早的時候，計數碼被封在一個黏土製成的容器內。但是每次想要檢查其中的內容，都必須將黏土封蓋打破，檢查完後還得再做一個，那實在是一件很麻煩的事，所以就有人想到在容器外面畫一些特別的符號，用來說明裡面有多少計數碼。後來，他們又了解到根本不需要在裡面放任何計數碼，只要在一個泥版上畫出相同的記號就可以了。

人類竟然花了那麼長的時間，才看出那麼明顯的事實，這真是令人感到不可思議。當然，我們現在認為明顯的事，當時絕對一點也不明顯。

終於出現「零」

在計算數目的數字出現之後，下一個發明則是分數（fraction），也就是我們寫成2／3（三分之二）、22／7（七分之二十二，也等於三又七分之一）這類的數字。我們無法用分數來計數（雖然三分之二頭駱駝可以吃，但是卻不能數）。反之，我們可以用分數來做許多更加有趣的事。舉個特別的例子，假如有三個兄弟繼承了兩頭駱駝，我們可以說每個人擁有三分之二頭。這是法律上很方便的一種想像，我們一直都用得很順心，因而忘了若是照字面解釋會有多麼詭異。

又過了很久之後，大約在西元四百年到一千二百年之間，「零」這個觀念終於出現，此時它才被視為一個數字。如果您認為這是很奇怪的事，請記住有很長一段時間，就連「一」也不被當作數，因為古人認為「數」應該是好幾個才算數。

對於「零」的發明，許多歷史書上說，觀念的突破在於為「什麼都沒有」發明了一個符號。也許對於將算術變得實用而言，這的確是一項突破，但是對於數學本身來說，重要的觀念在於出現一種新的數，一個代表「什麼都沒有」這個抽象概念的數。

數學家大量使用各種符號，可是這些符號在數學中的地位，並不比音符在音樂中或字母在語言中的地位更高。高斯（Carl Friedrich Gauss, 1777-1855）是許多人心目中有史以來最偉大的數學家，他曾經用拉丁文說過，數學的重心「不是符號，而是觀念」（non notations, sed notiones）。不論用拉丁文或英文（not notations, but notions），這句話都是雙關語（字面上的和字義上的）。

負數、無理數、實數、虛數

數的概念下一步的拓展是負數。如果照字面上解釋，「負二」頭駱駝是沒有什麼意義的，但我們若是欠別人兩頭駱駝，我們實際擁有的駱駝數量就得減二，所以負數可以想成一種債務的代表。

解釋這種更神祕的數還有很多不同的方法，例如，攝氏的負溫度就是比水的冰點更冷的溫度；具有負速度的物體就是正在倒退的物體。這就是說，同一個抽象的數學對象能代表不只一種自然事物。

在大多數的商業交易中，頂多只會用到分數與負數，可是對於數學而言卻仍嫌不足。舉例而言，古希臘人發現了一個令人遺憾的事實：二的平方根（square root）不能剛好用一個分數表示。也就是說，不論將任何分數自乘，結果都不會剛好等於二。我們可以得到很接近的答案，比如說17／12的平方是289／144，可惜288／144才剛好等於二。不論我們嘗試哪一個分數，都永遠無法找到答案。因此之故，二的平方根（通常記做$\sqrt{2}$）被稱為「無理數」（irrational number）。

想要將數系（number system）擴大而將無理數包含在內，最簡單的方法是引進所謂的「實數」（real number）。但這是一個極不妥當的名稱，因為一般說來，實數要用無窮盡的小數表示，例如三．一四一五九……如果我們不能把一個數完全寫出來，它又怎麼會是「真實」的呢？但這個名稱卻一直屹立不搖，也許是因為實數能將我們對長度、距離的自然直覺形式化的緣故。

實數是人類最大膽的理想化觀念之一，在高高興興地使用了幾個世紀之後，才終於有人開始擔心背後的邏輯性。矛盾的是，數系的下一個擴充雖然全然無害，卻一直令許多人憂心忡忡。這個擴充源自負數平方根的引介，因而導致了「虛數」（imaginary number）與「複數」（complex number）的出現，兩者都是職業數學家必須隨身攜帶的工具。

不過幸運的是，本書的內容完全無需用到複數的知識，所以我準備將它藏到數學地毯底下，希望各位讀者都不會注意到。在此我想要強調一點，無盡小數不難解釋為對某個測量（例如長度或重量）愈來愈精確的近似（譯注：每多寫一位小數，精確度就增加十倍）；可是想要對「負一的平方根」做出令人滿意的解釋，卻是一件棘手得多的事情。

五個數系

以當代的術語來說，0、1、2、3……這些整數合稱為「自然數」（natural number）。如果將負整數一併納入，我們便會得到「整數」（integer）。整數加上正、負分數合稱為「有理數」（rational number）。

實數比有理數範圍更廣，複數則比實數還要廣。因此我們有了五個數系：自然數、整數、有理數、實數、複數，每個數系都包含了前面那一個。對於本書而言，重要的數系是整數系與實數系。我們也常常需要討論到有理數，但我剛才已經提到，我們可以完全不管複數。

無論如何，我希望各位讀者現在都能了解，「數」這個字並沒有什麼上天注定的、永恆不變的意義。「數」這個字所涵蓋的意義已被擴充了不只一次，原則上這種過程隨時都有可能發生。

然而，數學研究的不只是數字而已。我們已經遇到過數學體系中的另一個對象，那就是「運算」（operation），例如加、減、乘、除。一般說來，運算是根據兩個數學對象（有時更多），得到一個新對象的規則。我也提過第三種數學對象，那就是平方根。如果我們計算某個數的平方根，就會得到另一個數。在數學術語中，這種「對象」稱為「函數」（function）。我們可將函數想成是一種數學規則，它將某個數學對象（通常是一個數）以特定方式對應到另一個對象。

函數常常以代數式來定義，但那只不過是解釋規則的一種縮寫方式，其實任何明確的方法都可用來定義函數。另一個與「函數」同義的名詞是「變換」（transformation），那是將第一個對象對應到第二個對象的規則，這個名詞通常用在幾何對應規則上。在第六章裡，我們會利用變換來闡釋「對稱」的數學精髓。

打開數學軍火庫

運算與函數是非常相似的概念，通常根本沒有必要加以區分。這兩者都是一種過程，而並非一個物件。現在，就讓我打開潘朵拉的盒子，為您解釋數學軍火庫中最有力的武器之一，我將它取名為「實體化過程」(thingification of processes)。正統的英語用字是reification（具體化），不過聽來過分矯揉造作。

數學的物件並不存在於真實世界，它們全都是抽象的，可是數學過程也是抽象的，所以過程並不比參與過程的物件更不具體。

實體化過程是很普通的一件事，事實上，我可以提出一個很好的解釋，來說明「二」這個數也是一個過程，而並非一個物件；它其實是我們將兩頭駱駝或兩頭綿羊分別對應於「一」、「二」的一個程序。不過數字這種過程早已徹底實體化，因此每個人都將它視為物件。同理，我們大可將運算或函數想像成物件，雖然大多數人對這種做法並不熟悉。比如說，我們可以把「平方根」當作物件一樣談論。我的意思不是指某個數的平方根，而是這個函數本身。在這個意象之下，平方根函數就像一個製造臘腸的機器，只要將某個數從一端塞進去，另一端就會吐出它的平方根來。

在第六章中，我們也會將平面與空間中的運動視為物件。在此我先警告各位讀者，因為到時您可能會覺得難以接受。不過您該曉得，數學家並不是唯一會玩實體化遊戲的人，譬如法律界人士便將「竊盜」說得好像一樣東西，甚至曉得它是什麼樣的東西——一種罪行。在「西方社會的兩大罪惡是毒品與竊盜」這句話中，我們發現有一樣是真正的東西，另一樣卻是實體化的東西，但兩者聽來好像同樣具體。事實上竊盜是一個過程，代表我的財產未經我的同意就轉移到他人身上，而毒品才是真正的一項實物。

數學好像一棵大樹

對於可藉實體化過程而由數字所建立的物件，電算科學家發明了一個很有用的術語，他們管它叫作「資料結構」（data structure）。在電算科學中，列表（list，寫成一串的一組數字）與陣列（array，有好幾行、好幾列的數表）都是很普通的例子。

我在前面提過，電腦螢幕上的圖形可以用一列座標表示，那是更為複雜但完全合理的資料結構。我們也可以想像更加複雜的組合，例如由列表而非數字構成的陣列；由陣列構成的列表；由陣列構成的陣列；由列表構成的陣列構成的列表所構成的列表……。

數學也以類似的方式建立基本思想架構。當年，數學的邏輯基礎尚有待釐清的時候，羅素（Bertrand Russell, 1872-1970）與懷海德（Alfred North Whitehead, 1861-1947）合寫了三巨冊的巨著《數學原理》（*Principia Mathematica*）。他們的出發點是最簡單的邏輯成分——集合（set）的概念。然後，他們開始證明如何將其他的數學建立在這個基礎上。羅素與懷海德主要的目的在於分析數學的邏輯結構，不過他們將大部分的心血，都花在為重要的數學對象設計適當的資料結構。

以這種方式描述數學的基本對象，使數學看起來好像一棵大樹。數字是它的根基，而當我們向上攀爬，從樹幹爬到枝幹，從枝幹爬到小枝，從小枝爬到細枝……便會發現愈來愈神祕、愈來愈豐富的資料結構。但是這種意象缺乏一個根本內涵，它無法描述各種數學觀念如何互動。

數學更像風景

數學不只是許多孤立事件的集合體，它看起來更像風景，具有內在的地理結構，不論使用者或創造者都得按圖索驥，否則它就是一片無法穿越的叢林。舉例來說，數學領域中有一種抽象的距離感。在任何一個數學事實的附近，我們都會發現其他相關的事實。

比如說，一個圓的圓周與直徑的比例是圓周率（π），而圓周與半徑的比例則是圓周率的兩倍，這兩個事實有著相當緊密而直接的關聯：直徑是半徑的兩倍。反之，不相干的概念相互間的距離就很遙遠，例如將三個物體排成一列的方式剛好有六種，這個事實就跟上述兩個事實相隔甚遠。

此外，數學領域中還有一種抽象的高度感。重要的概念如同摩天的高峰，不但老遠便能得見，而且應用範圍廣泛。例如直角三角形中的畢達哥拉斯定理（Pythagoras's theorem，通稱「畢氏定理」），或是微積分的各種基本技巧。

在數學國度中，每個轉彎都會出現新的風景：也許是一條意料之外的河流，必須利用踏腳石才能渡過；也許是一個巨大而寧靜的湖泊；或是一道無法穿越的狹縫。數學使用者一律走在充分開闢的領域；數學創造者則專門前往未知的神祕地區探險，並且繪製新的地圖，開拓新的道路，以便讓其他人較為容易前往該處。

情節好最緊要

將整個風景連綴在一起的要素是「證明」，證明決定了從一個事實到另一個事實的路徑。

對職業數學家而言，任何敘述都必須以絕無邏輯錯誤的方式證明出來，否則他們絕對不能接受。但是什麼敘述能夠證明，可以用什麼方法證明，卻都受到了重重限制。哲學家與基礎數學家花了很大心血闡明一項真理：我們無法證明所有的敘述，因為我們必須有個起點；即使我們決定了從哪裡著手，有些敘述仍然既無法證實，也無法反證。在此我不準備探討這些問題，我想要做的是以實際的眼光看看證明是什麼，以及它們有什麼必要性。

數理邏輯教科書告訴我們，證明是一連串的敘述，每條敘述若非前面各條的邏輯結果，就是源自某些公認的公設（axiom）。公設是某些未經證實但極為明顯的假設，它們規範出一個特定的研究範圍。

可是這種說法並未搔到癢處，就好像我們說小說是由一連串的句子組成，每一句若非合理地緊扣前面各句，便是源自一個公認的時空背景。這兩個定義都漏掉了最基本的一點：不論是證明或是小說，都一定要講個有趣的故事。不過，兩者的確掌握了次要的因素，那就是這個故事必須令人信服。

雖然這兩個定義也描述了證明或小說的整體格式，可是一個好的情節才是最重要的特色。

很少有教科書提到這一點。

一部電影的情節若是漏洞百出，不論它拍得多麼精緻，我們大多數人仍將無法忍受。

最近我看了一部電影，故事是說一座機場被游擊隊占領，那些游擊隊將塔台的電子裝置關閉，換上了他們自己的設備。至少有半小時的電影時間（等於故事裡的好幾小時），機場當局與男主角急得像熱鍋上的螞蟻，因為他們無法與準備進場的飛機聯絡，那些飛機都在空中大排長龍，油料已經快要用盡。沒有一個人想到，不過三十英里外就有另一座營運正常的機場，也沒有人想到打電話給最近的空軍基地。這部電影是個大製作，拍得也相當精采；可是故事實在太蠢。

雖然如此，仍有許多人看得津津有味；他們的批判標準一定比我的低。可是，對於何者是可信的事物，我們每個人總會有一個底線。如果在一部寫實電影中，一個小孩舉起一棟房子，而救出了困在裡面的人，那我們大多數人都會興趣缺缺。同理，數學證明是有關數學的故事。它不必做到巨細靡遺，讀者應該自行填補例行步驟，就好像電影中的人物可以突然出現在另一個場景，而不必交代他們如何抵達。然而故事一定不可以有漏洞，而且絕對不能有令人無法置信的情節。

數學證明中的規則十分嚴格，一點瑕疵就等於全盤失敗，而一個隱晦的瑕疵與明顯的瑕疵一樣致命。

從「船艇」到「碼頭」

讓我們來討論一個例子。為了避免技術性的知識，我特別選取一個簡單的定理，因此之故，它的證明只能講述一個簡單而不怎麼具有深意的故事。

這個例子是我從某個同事那裡偷來的，他稱之為SHIP／DOCK定理。您或許也聽過這類益智遊戲，它是從一個英文字（SHIP）出發，試圖將它改成另一個字（DOCK），規則是一次只能改變一個字母，而且每次都要得到一個真正的英文字。在您繼續讀下去之前，也許有興趣先試著解解看，如果您那麼做，可能會更容易了解這個定理與它的證明。

以下是一組示範答案：

SHIP
SLIP
SLOP
SLOT
SOOT
LOOT
LOOK
LOCK
DOCK

不同的答案還有很多組，有些答案用到的步驟更少一些。可是當您多試幾次之後，也許就會注意到所有的答案都有個共同點：中間至少有一個字具有兩個母音字母。

好，證明它吧。

我不接受實驗性的證據，即使您能找到一百組答案，每組都包含一個符合條件的字。您自己也不會對這樣的證據滿意，因為心中總是會有個疙瘩，擔心自己漏掉了一組很妙的答案，其中完全沒有那樣的英文字。或是您也許會有某種特殊的感覺，認為這是個「明顯」的事實。我同意這一點，可是為什麼它明顯呢？

現在，您體會到了大多數的數學家大多數時間的感受：挫折。您知道想要證明什麼，也相信它是正確的，可是卻看不出一個令人信服的證明過程。這就代表說，您還沒有找到能鑿穿整個問題的關鍵概念。我很快就會給您一點提示，不過請您先思考幾分鐘，也許您就會體會到數學家經驗的另一種好得多的感受：啟示。

我的提示是，每個真正的英文字至少具有一個母音字母。

這是個非常簡單的提示。首先，您要說服自己相信這個事實（地毯式翻查字典是可行的辦法，只要那本字典夠大）。然後，思考一下它的含義……

好，您或許想到了，也可能放棄了，不論最後的結果如何，所有職業數學家在許多問題上都有過相同的經驗。解決這個問題的訣竅，在於將注意力集中於母音字母的變動。母音字母就是SHIP／DOCK風景中的高峰，是指示證明途徑轉彎的路標。

最初的那個字SHIP只有一個母音字母，它位於第三格。最後那個字DOCK也只有一個母音字母，不過它卻在第二格。

母音字母的位置如何改變呢？我們可以列出三種可能性：一是，從第三格跳到第二格；二是，完全消失之後在第二格又重新出現；三是，曾經一起出現其他的母音字母，最後又全被換掉。

由第三個可能性便能直接推出這個定理。因為每次只能改變一個字母，在某個步驟中，母音字母的數目一定會從一個變為兩個，卻不可能從一個突然變成三或四個。但是其他的可能性又如何呢？

我剛才的提示告訴我們，母音字母不可能完全消失，所以第二個可能性並不存在。至於第一個可能性：每個步驟都有一個母音字母，在某個步驟中它突然從第三格跳到第二格，這也是不可能的。因為這需要在一個步驟之內，將第三格是母音字母而第二格是子音字母的排列，轉變成第三格是子音字母而第二格是母音字母，這就代表必須同時改變兩個字母。證畢（Q. E. D.）——這是歐幾里得（Euclid, 約 330 B.C.-260 B.C.）的用辭。

體驗數學家的感性經驗

數學家會將這個證明以更形式化的方法寫出來，就像教科書中的那些範例，不過真正的重點是要能講述一個令人信服的故事。如同任何一個好故事一樣，它必須有頭有尾，情節的進展不可出現任何邏輯漏洞。

雖然SHIP／DOCK只是一個非常簡單的例子，也根本不是標準的數學定理，但是卻能夠示範出證明的基本要素，尤其是示範出：真正令人信服的論證與似是而非的論證之間的巨大差異。此外，我希望它還能讓您體驗到數學家的感性經驗：

挫折感——一個應該很簡單的問題卻無從下手；

得意洋洋——漸漸看出苗頭的時候；

戰戰兢兢——檢查論證中是否有漏洞的時候；

滿足感——判定想法沒問題，並且乾淨俐落地把表象複雜的問題解決掉。

創造性的數學就像這樣，只不過研究的是更為嚴肅的題目。

任何一個證明都必須令人信服，否則數學家絕對不會接受。在許多問題中，大量的證據建議的，卻是完全錯誤的答案，這種例子不勝枚舉。其中最著名的一個例子，是關於質數（prime number，大於一而只能被本身與一除盡的自然數）的定理。

質數序列有無窮多個元素，最前面的幾個是二、三、五、七、十一、十三、十七、十九。除了二以外，所有的質數都是奇數，而奇質數可以分成兩大類：四的倍數減一（例如三、七、十一、十九）與四的倍數加一（例如五、十三、十七）。

如果我們沿著質數序列一路計算這兩類質數的數目，將會發現「減一」類的質數似乎永遠比「加一」類的質數要多。比如說，在上面所列出的質數中，屬於「減一」類的有四個，屬於「加一」類的只有三個。這個模式會一直持續下去，至少在一萬億之前都是正確的。所以說，假設它永遠正確似乎是個很合理的臆測。

百密還是不能有一疏

然而，事實並非如此。

數論（number theory）學家使用間接的方法證明出：當質數足夠大的時候，這種模式就會發生變化，「四的倍數加一」類的質數將會後來居上。

想要證明這個事實，必須用到大於「十的十次方的十次方的十次方的四十六次方」的數目。這個數字實在太大了，如果用普通的寫法把它寫出來，那就是100000……000，其中的0多得簡直不像話。即使宇宙中所有的物質都變成紙張，而每個電子上可以刻一個「0」，也只能寫出其中極少極少的一部分。

沒有任何實驗證據能夠涵蓋這麼罕見的例外，這種例外實在太過稀罕了，以致需要那麼大的數字才能找到。遺憾的是，即使再稀罕的例外，在數學中也絕對不可忽略。

日常生活中，我們很少會擔心兆分之一的意外，您會擔心被隕石砸到腦袋嗎？那種機率差不多就是兆分之一。然而，數學是由邏輯推論一級一級堆積而成，假如任何一級有誤，整座建築物便會垮掉。如果我們提出一項所有數字全都符合的模式，別人只要找出一個例外，那麼這個理論就是錯的，根據這個錯誤基礎建立的一切也不會再有人相信。

即使是最好的數學家，偶爾也會在宣稱證明某項事實之後，又被他人找出了漏洞。譬如，他們的證明也許存在一個微妙的罅隙或單純的計算錯誤，或是他們不慎假設了一些並非堅如磐石的事情。因此，經過許多世紀之後，數學家學到了對證明抱著極端嚴苛的態度。

「證明」已經將數學編織成了綿密的織錦；只要任何一根細線鬆動了，整個織錦就很可能會被拆散。

第四章

變與不變

我們需要找出一條途徑
以便超越「規律與變化」這兩種針鋒相對的世界觀

過去好些世紀以來，人類對自然的看法都在兩個極端之間擺盪。其中之一認為宇宙服從各種固定不變的定律，萬事萬物都存在於明確的客觀實相中。另一種相對的觀點則認為，根本沒有所謂的客觀實相，一切都是無常的、變幻不定的。

正如希臘哲學家赫拉克里特（Heraclitus, 544 B.C.-483 B.C.）所說：「你不能兩度踏入同一條河流。」近代科學的興起主要是受第一種觀點所影響，不過有愈來愈多的跡象顯示，當今文化普遍開始轉向另一種觀點——各式各樣五花八門的思想模式，例如後現代主義、電腦叛客（cyberpunk）、混沌理論等等，都使得所謂實相的客觀性變得模糊，並且重新開啟了無休無止的「規律與變化」論戰。

其實，我們真正應該做的，是從這個徒勞的遊戲中完全抽身。我們需要找出一條途徑，以便超越這兩種針鋒相對的世界觀。

探尋更高的秩序

您可能會以為這條新路徑就是在發現一種綜合的觀點，將兩者視為一個更高秩序的實相投射出的兩個側影；只是由於觀察這個最高秩序的角度有別，因而兩個側影看來完全不同。其實不是這樣，新路徑並不是要發現綜合的觀點，而是要探尋這個更高秩序是否存在？假如存在的話，又是否能夠讓我們找到？

對於許多人，尤其是科學家而言，牛頓都是理性戰勝神祕主義的代表人物。然而，著名的經濟學家凱因斯（John Maynard Keynes, 1883-1946）在他的論述〈牛頓這個人〉中，卻表現了截然不同的看法：

十八世紀以降，牛頓一向被視為第一位現代科學家，也是最偉大的一位；他是一個理性主義者，教導我們如何以冷靜客觀的理性方式思考。

我卻不認為他是這樣的人。一六九六年，當他終於離開劍橋時，任何人只要瞥見他所打包的行李，我相信那人就不會再抱持這種想法。那些行李雖然部分失散，不過大都仍舊流傳至今。牛頓並非理性時代的第一人，而是最後一名魔法師，最後一個巴比倫人與蘇美人。如同還不到一萬年之前，開始累積知識遺產的那些偉大心靈，他用和他們同樣的眼光觀察這個可見的知性世界。牛頓，這個生於一六四二年聖誕節的遺腹子，是歷史上最後一個靈童，東方三博士對他們這種人一律頂禮膜拜。

凱因斯所說的是牛頓的個性，以及除了數學與物理學之外，他對鍊金術與宗教的興趣。但是在牛頓的數學中，我們也能發現邁向新世界觀重要的第一步：超越並統一規律與變化。宇宙或許像暴風雨中的海洋一般多變，可是牛頓，以及在他之前的伽利略（Galileo Galilei, 1564-1642）與克卜勒（牛頓就是站在這兩位巨人的肩膀上），了解到變化也會服從一些法則。不只規律與變化可以共存，而且規律也能夠產生變化。

今日新興的混沌理論與複雜科學，則填補了那個失落的反命題：變化產生規律。不過那是另一個故事了，我將留在最後一章再談。

先談談拋體運動

在牛頓之前，數學家所提出的自然模型在本質上都是靜態的，其中只有少數的例外。

最明顯的一個要屬托勒密（Ptolemy, 約100-170）的行星運動理論。這個理論利用一組大大小小的圓形（大圓裡緊貼著小圓，小圓裡緊貼著更小的圓），能夠非常準確地重現觀察到的行星變化。不過，在古代學者的心目中，數學的目的在於發現為自然所用的「理想形式」。圓形被視為所有圖形中最完美的理想形式，因為圓周上每一點都與中心等距。自然是由更高級的生命所創造的，根據定義必須完美無缺，而理想形式則是數學中的極致，因此兩者當然走到了一塊。變化會為完美帶來瑕疵，是以完美的事物絕對不會變化。

克卜勒挑戰這種觀點的方式，是發現橢圓軌道可以替代複雜的圓周系統。牛頓則將這些完全抛到腦後，而以產生軌道的定律取而代之。

牛頓處理運動的數學方法影響深遠，但它的原理卻相當簡單，我們可以用抛體（例如炮彈）的運動來解釋。伽利略曾根據實驗，發現抛體的運動路徑是一條倒U字型的抛物線（parabola）。古希臘人早就研究過這種曲線，它與橢圓有很深的關聯。

如果您想要了解一條抛物線的路徑，最簡單的辦法是將抛體運動分解成兩個獨立的成分：水平方向的運動與垂直方向的運動。我們可以分別研究這兩種運動，在了解兩者各別的細節之後，再將它們重新組合在一起。這樣一來，我們就能看出這個路徑為何是抛物線。

炮彈在水平方向上的運動（也就是平行於地面的運動），是一個非常簡單的等速率運動。它在垂直方向的運動就比較有趣了：開始的時候上升得很快，然後漸漸減速，在某一瞬間好像停留在空中，接著又開始下落，剛開始落得很慢，可是速率不斷地增加。

牛頓對這個問題的洞見是，雖然炮彈位置的變化相當複雜，它的速度變化卻簡單許多，而加速度的變化則非常單純。次頁的圖顯示的正是這三個函數間的關係，使用的數據是下面這個例子。

為了方便解釋，我們假設最初的上升速率是每秒五十公尺。那麼炮彈高度的變化是（時間間隔為一秒，單位為公尺）：

〇，四五，八〇，一〇五，一二〇，一二五，一二〇，一〇五，八〇，四五，〇

相信各位讀者可以從這些數字中看出來，炮彈的位置漸漸升高，在頂點時接近滯留，然後又開始逐漸遞減。不過，整體的規律卻並不怎麼明顯。這個困難在伽利略的時代更為嚴重（在牛頓的時代亦然），因為當時很難直接測量這些數據。

事實上，伽利略所做的實驗，是讓一個圓球沿著緩坡向上滾，以便減慢整個過程。其中最大的問題，在於無法精確地測量時間。關於這點，科學史家綴克（Stillman Drake）曾經提出一種想法，他認為伽利略可能像音樂家那樣哼著調子，並在腦中自行將基本節拍再加以細分。

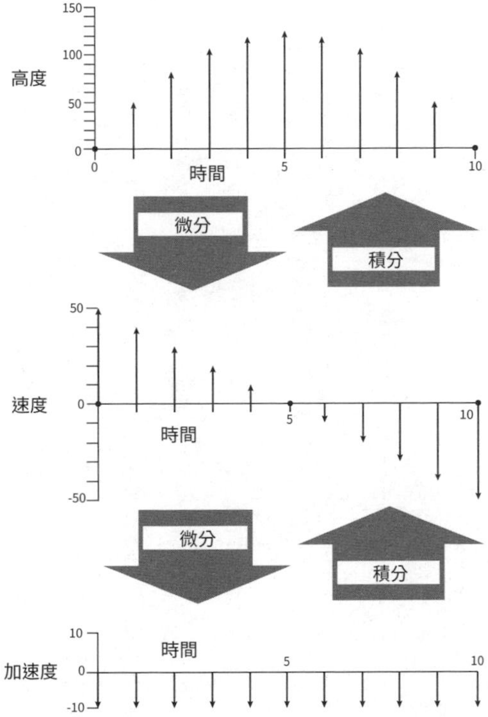

簡單的微積分圖解。這三個數學規律皆由炮彈所決定，包括高度、速度與加速度。我們直接觀察到的高度模式最為複雜，牛頓發現的速度模式就比較簡單，而加速度的模式更加簡單。藉著微分與積分這兩種基本運算，我們得以從一個模式推出另一個模式。因此我們可以先求出最簡單的加速度，然後再推導出真正想要的答案——高度。

躲在動態變數中的常數

距離的規律雖然撲朔迷離，但速度的規律卻清楚得多。炮彈最初的速度是每秒上升五十公尺，一秒鐘之後，它的速度就減為（大約）每秒四十公尺，再過一秒鐘，就變成每秒三十公尺，然後依序是每秒二十公尺、每秒十公尺、每秒零公尺（靜止）。再過一秒之後，它的速度變為每秒「下落」十公尺，我們可以借用負數，將這個速度記為每秒「上升」負十公尺。接下來每一秒的速度仍舊遵循原來的規律，分別是每秒負二十公尺、每秒負三十公尺、每秒負四十公尺、每秒負五十公尺——此時炮彈剛好墜落地面。因此速度的序列為（時間間隔為一秒，單位為公尺／秒）：

五〇，四〇，三〇，二〇，一〇，〇，負一〇，負二〇，負三〇，負四〇，負五〇

這裡面有一個幾乎難以忽略的規律，不過我們暫且不要深究，先來進一步探討加速度的變化。我們仍用負數代表向下的運動，那麼這個炮彈的加速度序列就是（時間間隔為一秒，單位為公尺／秒^2）：

負一○，負一○，負一○，負一○，負一○，負一○，負一○，負一○，負一○，負一○，負一○

我想各位讀者一定同意，這個規律是最簡單的。炮彈的加速度是一個固定的常數，等於負十公尺／秒^2。（正確的數目大約是負九．八一公尺／秒^2，在地球上不同的地點進行實驗，將會得到不同的數值，不過負十比較容易處理。）

我們如何解釋這個躲在動態變數中的常數呢？當一切都在變動的時候，為什麼只有加速度是固定的？

一個令人信服的解釋具有兩項要素。一是地球必定一直將炮彈向下拉，也就是說炮彈受到重力的吸引。假設不同高度的重力一律相等是很合理的，事實上，我們之所以感受到重量，就是因為重力將我們的身體向下拉，而當我們站在一座高樓樓頂時，我們的重量仍然不變。

當然，這個由日常生活所觀察到的結論，並不能告訴我們當距離變得足夠大時（比如說月球到地球的距離），重力的大小會發生什麼變化。那是另一個故事，我們待會兒就會提到。

牛頓運動定律

第二個要素則是一項真正的突破：我們的研究對象受到一個指向下方的固定力，而我們觀察到它在進行向下的等加速度運動。

假使重力的吸引變大許多，我們料想向下的加速度也會變大許多。但是除非能到某個巨大的行星（例如木星）去做實驗，否則我們無法證實這個想法，不過它看來實在相當合理。此外，認為物體在木星上墜落的加速度也是定值，是個很合理的假設；只不過那個常數與地球上的不同。

在能夠融合上述真實實驗與想像實驗的理論中，最簡單的一個是：當物體受到某個力的作用時，就會產生一個正比於那個力的加速度。這正是牛頓運動定律的精髓，唯一未曾提到的是假設它對所有的物體、所有的力一律成立（不論那個力是不是一個常數）；以及認定那個比例常數由物體的質量決定。

事實上，牛頓運動定律不過就是：

質量×加速度＝力

（譯注：這是選取適當單位的結果）

牛頓運動定律最重要的價值在於對任何系統一概成立，不論其中的質量或力是否隨著時間改變。從導致這個定律的論證，我們不可能料到它的應用無遠弗屆，然而事實正是如此。

微分與積分這對雙生兄弟

牛頓當初提出過三個運動定律，近代的觀點則是將這三者視為一個數學方程式的不同表現。因此在本書中，我將用「牛頓運動定律」來代表整個理論。〔譯注：第一定律（慣性定律）顯然是第二定律（通稱的運動定律）的特例；但若想由第二定律導出第三定律（作用與反作用定律），則需要用到所謂「空間均匀性」的假設，並不是一件簡單的事。〕

登山家面對一座高山時，自然而然會有想要攀登的衝動；數學家面對一個方程式的時候，自然而然會有解它的衝動。可是要怎麼解呢？

如果知道了物體的質量與其上的作用力，我們可以很容易從方程式中求出加速度。但這並不是我們真正想要的答案。光是知道炮彈的加速度永遠是負十公尺／秒^2，根本無法告訴我們它的軌跡是什麼形狀。

想要得到真正的解答，一定需要用到微積分這門數學。事實上，這正是牛頓（與萊布尼茲）發明微積分的目的。微積分能提供一種現在通稱為「積分」（integration）的技巧，讓我們得以根據各個時刻的加速度，而求出各個時刻的速度。利用相同的技巧，我們可以再求出各個時刻的位置，那才是我們真正想要的答案。

我在前面曾經提到，速度是位置的變化率，而加速度是速度的變化率。微積分這個數學體系，就是為了處理變化率的問題而發明。

尤其重要的是，它提供了一種找出變化的技巧，即所謂的「微分」（differentiation）。積分能將微分的結果還原，而積分兩次則能還原微分兩次的結果。就像雙面的羅馬神祇雅努斯（Janus，亦稱「萬神之神」），微積分這兩種孿生的技巧剛好指向相反的方向。它告訴我們，如果知道位置、速度或加速度這三個函數當中，任何一個函數在各個時刻的行為，我們就能求出另外那兩個函數。

上帝是數學家？

牛頓運動定律教導我們一個很重要的觀念：從自然定律到自然行為的路徑並不一定直接而明顯。有一道鴻溝橫亙在我們觀察到的行為與產生這種行為的定律之間，人類心靈唯有藉著數學計算，才能在兩者間搭起橋梁。這可不是暗示自然就是數學，或是如同物理學家狄拉克（Paul Dirac, 1902-1984，一九三三年諾貝爾物理獎得主）所說的：「上帝是一位數學家」。自然界的模式與規律或許另有來源，可是至少至少，數學是人類與這些模式角力最有效的方式。

牛頓的基本洞見是：自然界的變化可以利用數學過程描述，正如自然界的形態可以藉由數學物件描述。所有依據牛頓的基本洞見而發現的物理定律，都擁有一個相似的特點：這些定律都以方程式呈現，但方程式描述的並非原始的物理量，而是這些物理量隨時間的變化率。舉例而言，決定熱流如何流過導體的「熱傳導方程式」（heat equation），描述的是物體溫度的變化率；而主宰水中、空氣中或其他物質中波動的「波動方程式」（wave equation），則是描述波動高度變化率的變化率。此外，有關聲、光、電、磁、彈性物質的彎曲、液體的流動，以及化學反應的物理定律，全都是描述各種變化率的方程式。

由於變化率牽涉到某個物理量現在與下一刻的「差異」（difference），因此這一類方程式就稱為「微分方程（式）」（differential equation），與「微分」這個名詞的英文擁有相同的字源（譯注：「微分」直譯應該是「差分」，不過「差分」這個中文名詞另有不同的意義）。自牛頓以來，物理數學（mathematical physics）的戰略就是利用微分方程式來描述這個宇宙，並且試圖將這些方程式解出來。

先歸納，再演繹

然而，當我們遵循這個戰略，進攻到更加精妙的領域之後，「解方程式」的意義也產生了一連串重大的變化。最初，它指的是找出一個精確的數學式，以便描述一個系統在任何時刻的行為。牛頓發現的另一個重要自然規律「重力定律」，便是奠基在這樣的一個解（solution）上。他的出發點是克卜勒所發現的行星橢圓軌道，以及另外兩個同樣冠以克卜勒大名的數學規則。

牛頓自問：需要什麼樣的力作用在行星上，才能產生克卜勒所發現的那些模式？也就是說，牛頓試圖從自然行為反推自然定律，所用的是歸納法而並非演繹法。最後，他發現了一個非常漂亮的結果：那種力必須總是指向太陽，並且隨著行星與太陽距離的增加而減少。這個變化服從一個簡單的數學定律，所謂的「平方反比律」（inverse-square law）。這就代表說，假如一顆行星移到原來的兩倍距離外，所受到的力就會減為四分之一，而移到原來的三倍距離外，力的大小則會減為九分之一，其他依此類推。

這個發現是如此漂亮，其中當然蘊藏著深奧的宇宙真理，而從這個發現出發，很容易推想到這個力一定是由太陽產生。太陽發出力量吸引行星，而行星距離太陽愈遠，那種吸引力就變得愈弱。這個想法已經非常引人入勝了，但牛頓更勇敢地再邁出一大步：他假設在宇宙每個角落，任何兩個物體間都存在著同樣的吸引力。

在「歸納」出這個力的定律之後，牛頓便能轉過頭來「演繹」出行星運動的幾何。他「解出」了由他的運動定律與重力定律（描述兩個物體以符合平方反比律的力量相互吸引）所列出的方程式。在那個時代，「解出」意味著找到一個描述兩者運動的數學式。由這個數學式，可以看出兩者都繞著它們的質量中心（center of mass，亦稱「質心」）做橢圓運動。

當火星沿著一個很大的橢圓繞太陽運動時，太陽也沿著一個很小的橢圓在運動，只是太陽的那個橢圓太小，以致我們無法察覺到。事實上，由於太陽的質量比火星大太多，因此兩者的質量中心位於太陽內部，這便解釋了克卜勒為何認為火星繞著一個靜止的太陽運轉。

學到嚴肅的教訓

然而，當牛頓與他的繼承者試圖乘勝追擊，解出描述三個或更多的物體（例如月球／地球／太陽，或是整個太陽系）的方程式時，卻遇到了技術上的困難。他們解決問題的唯一法門，就是修改「解方程式」的意義。既然無法找到剛好解出那些方程式的數學式，他們索性放棄這個念頭，改為試圖尋找計算近似數值解的方法。

舉例來說，大約在西元一八六〇年，法國天文學家迪勞內（Charles-Eugéne Delaunay）將受到地球與太陽重力影響的月球運動近似解，填滿了整整一本書，這個工作花了他二十年的時間。那是一個極為精確的近似，否則也不會填滿整本書。直到一九七〇年，才有人利用符號代數程式檢查迪勞內的計算，結果電腦只花了二十個小時，僅僅發現三個無關緊要的錯誤。

月球／地球／太陽三者的運動，是一種所謂的「三體問題」（three-body problem）；這是個顧名思義的名稱，它與牛頓解出的「二體問題」有很大的不同。二體問題有一個漂亮俐落的解，即使在另一個星系（galaxy）的行星上，甚至在另一個宇宙中，也很可能有「人」發明出完全相同的理論。而三體問題的方程式要求的解，則要能描述三個巨大物體在平方反比重力之下的運動。

過去幾個世紀以來，數學家一直試圖找出這樣的解，可是進展卻幾乎等於零，唯一有用的結果只有近似解，比如說迪勞內的結果；但它只能適用於某些特定條件，例如月球／地球／太陽所構成的系統。

但是，即使是這種所謂的「設限三體問題」（restricted three-body problem），雖然三體之一的質量非常小，因此可將它對其他兩者的作用力視為零，但同樣也根本無從下手。

從這個問題中，人類首度學到一個嚴肅的教訓：即使掌握了所有的定律，也未必足以了解一個系統的行為；定律與行為間的鴻溝不一定總是找得到橋梁。

藉著模式來了解模式

雖然許多人花了無數心力鑽研這個問題，在牛頓提出三體問題的三個世紀後，我們仍舊沒有得到完整的解答。

不過，我們終於知道這個問題為何如此難以對付了。二體問題是「可積分的」（integrable）——能量守恆定律與動量守恆定律對它的解設下了重重限制，因此它們被迫呈現一種簡單的數學形式。

一九九四年，喬治亞理工學院的夏志宏證明了數學家長久以來所懷疑的一項事實：三體系統是不可積分的（譯注：夏志宏為華裔，他的證明其實是針對所謂「平面三體問題」）。此外，他進一步證明這樣的系統會顯現一種奇異的現象，所謂的「阿諾德擴散」（Arnold diffusion），這是一九六四年，由莫斯科大學的阿諾德（Vladimir Arnold, 1937-2010）首先發現的。阿諾德擴散會使相對軌道位置產生一個極為緩慢、而且「雜亂無章」的漂移。其實這種漂移並非真正雜亂無章，它事實上是一種現在所謂的混沌現象，一種由全然決定性因素引發的表面上雜亂無章的行為。

請注意，這種研究方法已使得「解方程式」的意義再度改變。解方程式最初的意義是「找出一個數學式」，然後轉變為「找出一個近似的數值解」，最後，它實際上變成了「告訴我這個解看來是什麼樣子」。

我們不再尋找定量的答案，轉而開始尋找定性的答案。就某個角度而言，這種轉變看來像是退而求其次：如果數學式太難找，就試著找一個近似解；要是近似解也找不到，那就試著找一個定性的描述。事實上，將這種發展視為退而求其次是錯誤的，因為這種轉變帶給我們的啟示，是諸如三體問題的難題根本沒有數學式解存在。我們可以證明它的解有許多定性的特點，是任何數學式都無法掌握的。想要尋找這類問題的數學式解，實在無異於緣木求魚。

科學家為什麼一開始想要尋找數學式呢？因為在動力學發展之初，那是解出系統會產生何種運動的唯一方法。後來，同樣的訊息變得可以從近似解得到。到了今天，由直接而精確地研究運動的主要定性行為的理論中，我們也能得到同樣的訊息。

在下面幾章我們會看到，這種將重心轉移到明顯定性理論的研究，非但不是退而求其次，反而是一個極大的進展。因為，人類終於開始藉著自然模式來了解自然模式了。

第五章

從小提琴到電視機

波動方程式也許是有史以來最重要的數學式
就連愛因斯坦著名的質能關係式也比不上

我們現在已經很習慣將數學區分為兩門不同的科學，分別冠以「純數學」與「應用數學」的大名。如果從前的大數學家聽到我們如此區分，一定會覺得不知如何是好。

舉個例子來說，高斯躲在數論的象牙塔中感到快樂無比，他非常喜愛那些抽象的數字模式，只因為它們既漂亮又富挑戰性。他將數論稱為「數學的皇后」，也很能體會「皇后」這個譬喻的含義：優雅美麗，不食人間煙火。

然而，高斯也曾從事過穀神星（Ceres，人類發現的第一顆小行星）的軌道計算。在穀神星發現不久之後，它就繞到了太陽背面，不能再從地球上觀測到。除非能將它的軌道計算得很精確，否則幾個月之後，當它重新出現時，天文學家將無法再找到它。可是這顆小行星的觀測數據實在太少了，標準的軌道計算方法並不能提供所需的精確度。因此高斯做出幾項重大的創新發明，其中有些至今仍在使用。

那真是大師級的手筆，使高斯因此聲名大噪。不過，這並非他所解決的唯一一個應用問題，在高斯一生的成就中，還包括了對測地學、電報學以及磁學所做的重大貢獻。

好點子是很罕見的

在高斯的時代，一個人還有可能精通所有數學。但由於每一門古典科學都進展神速，現在已經沒有人能完全掌握任何一門了。換句話說，我們如今是活在專家的時代。

想要讓數學的組織更加明確，每位數學家最好僅專精理論或只鑽研應用。因為大多數的數學家對這兩種風格各有所好，這種個人偏好又助長了純數學與應用數學的區分。

不幸的是，門外漢因此很容易認為唯一有用的數學就是應用數學，畢竟它的名字似乎就是這個意思。就已經建立的數學技巧而言，這個假設是正確的，因為任何真正有用的東西，不論它的來源為何，到頭來必定會成為「應用××」。然而，這種觀點嚴重扭曲了具有實際重要性的新數學來源。

好的點子是很罕見的，但至少源自對數學內在結構想像的好點子，與源自解決特定而實際問題的一樣多。

在本章中，我準備討論一個這樣的歷史個案，它最重要的應用是電視機。電視機這個發明可說改變了整個世界，從來沒有其他發明能與它相提並論。在這個故事中，純數學與應用數學結合在一起，產生出比兩者單獨的成就更有威力、更令人讚嘆的成果。故事開始於十六世紀，起源於小提琴弦振動的問題。它聽來雖然像是一個實際的題目，但主要的研究重點卻在於解微分方程式，而非為了改進樂器的品質。

小提琴的琴弦

讓我們想像一根理想的小提琴弦，在兩個固定的支柱間拉成一條直線。如果我們撥動這條琴弦，將它拉離直線的位置，然後鬆開手，那會發生什麼事呢？

當我們將琴弦拉向一邊時，它的彈性拉力便會增加，因而產生一個力量，想要將琴弦拉回原先的位置。我們鬆開手之後，琴弦就在這個拉力的作用下加速，運動的方式服從牛頓運動定律。然而，當它回到原先的位置時，整條琴弦都動得很快，因為它剛才一路在加速，因此它並未停留在直線的位置，而是繼續向另一側運動。這個時候，拉力又將它拉向反方向，於是它的速率漸漸減少，直到終於靜止。然後，整個過程又朝反方向重新開始。

如果沒有摩擦力與空氣阻力的話，這條琴弦將會永遠來回擺盪。

以上的描述說得好像頭頭是道。數學理論的任務之一，就是負責檢查這個敘述是否真正成立，如果成立的話，還要把細節都計算出來，例如上述的琴弦在任何時刻的形狀。這是一個很複雜的問題，因為同樣的琴弦能有許多種不同的振動方式，全由撥動的方式而定。古希臘人已經知道這一點，因為他們從實驗中發現，一根振動的琴弦能產生許多不同的音調。後人則了解到，決定音調的是振動的頻率，亦即琴弦來回擺盪的速率。因此，古希臘人的發現告訴我們，同樣的琴弦能以許多不同的頻率振動。每個頻率都對應於運動中琴弦的一種形態，而同樣的琴弦可以產生許多不同的形狀。

由於琴弦振動得太快，因此肉眼無法看清任何瞬間的形狀。不過古希臘人發現了重要的證據，顯示琴弦的確能夠以許多不同的頻率振動。他們證實了音調是由波節（node，或稱「節點」，琴弦上保持固定不動的各點）的位置所決定。

這一點可以拿小提琴、斑鳩琴或吉他來驗證。當琴弦以「基（本）頻率」（fundamental frequency）振動，也就是音調最低的時候，只有琴弦兩端是固定的。假如我們用一根手指按在琴弦中央，使琴弦中點變成一個波節，然後再來撥動琴弦，它就會產生一個高八度的音調。如果我們將手指按在琴弦長度的三分之一處，實際上等於製造了兩個波節（另一個在全長的三分之二處），這樣就能產生一個更高的音調。

波節愈多產生的頻率就會愈高；波節的數目一律都是整數，而且互相之間的距離相等。

琴弦的「波動方程式」

這種振動是一種駐波（standing wave），就是說這種波動只能上下左右擺盪，卻不能沿著琴弦傳遞。擺盪的運動幅度稱為波的振幅（amplitude），它決定了這個音調的響度（loudness）。這種波是一種正弦波（sinusoidal wave），形狀像是三角學（trigonometry）中的正弦曲線，是一種不斷重複而且相當優美的波浪狀線條。

一七一四年，英國數學家泰勒（Brook Taylor, 1685-1731）發表了小提琴弦的基本振動頻率公式，它完全由琴弦的長度、拉力與密度所決定。

一七四六年，法國數學家達朗伯特（Jean Le Rond d'Alembert, 1717-1783）證明了琴弦的許多種振動都不是正弦式駐波。事實上，根據他的理論，琴弦的瞬間波形可以是任何形狀。

一七四八年，多產的瑞士數學家歐勒（Leonhard Euler, 1707-1783）從達朗伯特的研究結果出發，推導出了琴弦的「波動方程式」。它植基於牛頓的科學體系，是個描述波形（二階）變化率的微分方程式。嚴格說來，它是一個「偏（partial）微分方程式」，也就是說，除了時間的變化率之外，它還描述了空間的變化率，亦即波動沿著琴弦方向的變化。

波動方程式是牛頓運動定律的產物，它以數學語言來表達一個物理概念：琴弦每一小段的加速度，都與這一小段所受到的拉力成正比。

歐勒不僅導出波動方程式，並且還求出了它的解。他得到的解可以敘述如下：首先，將琴弦扭曲成任意的形狀，比如說拋物線、三角形，或是歪歪扭扭的不規則形狀都行。然後設想這個波形沿著琴弦向右傳遞，我們姑且將它稱為「右進波」。接下來，再想像另有一個完全相同的波形，不過這個波形卻向相反方向傳遞，因此是一個「左進波」。最後，再將這兩個運動中的波形疊加在一起。對於對應兩端固定的琴弦的波動方程式，上述的過程就能讓我們得到它所有可能的解。

都是正弦波疊加起來的

歐勒發表他的結果之後，幾乎立刻與丹尼爾・白努利（Daniel Bernoulli, 1700-1782，譯注：白努利家族出了許多位數學家）起了爭辯。白努利家族最早在比利時北部的安特衛普（Antwerp）發跡，後來為了逃避宗教迫害，先遷徙到德國再轉往瑞士。白努利也解出了波動方程式，不過用的卻是完全不同的方法。根據白努利的理論，最一般的解可以表示為無限多個正弦式駐波的疊加（superposition）。這個看似大相逕庭的結論，開啟了一場近一世紀的論戰。

後世的數學家證明歐勒與白努利都沒錯。兩者的理論雙雙正確的理由，在於每一個週期性變化的波形，都能以無限多個不同正弦曲線的疊加來表現。歐勒認為他的方法會得到較多形式的波形，是因為他未曾察覺到它們的週期性。雖然數學分析所用的是無限長的曲線，真正有意義的卻只是兩個端點之間的那一段。我們可以假想一條無限長的琴弦，讓那一段的波形在無限長的琴弦上不斷重複，這樣便能得到一個週期性的波動，卻不會帶來任何實際的改變。因此之故，歐勒的擔心其實是多餘的。

（譯注：以上有關波動方程式的記述，與「延伸閱讀」所列的本章參考書第二十二章略有出入。）

這些理論所導致的最終結論，就是正弦波是最基本的振動成分。您若將有限或無限多個各種振幅的正弦波，以各種可能的方式加起來，就能得到所有的振動形式。正如白努利始終堅持的：「達朗伯特與歐勒所提出的新曲線，全都只是泰勒振動的組合而已。」

有史以來最重要的數學式

解決這場爭議之後，小提琴弦的振動已不再神祕，於是數學家開始尋找更大的獵物。琴弦是一條曲線，一個一維的物件，但具有更多維度的物件同樣也能振動。在所有牽涉到二維振動的樂器中，最明顯的一種當然是鼓，因為鼓皮是一個平面，而非一條直線。

歐勒於一七五九年開始將注意力轉移到鼓的問題，其他的數學家也很快跟進。歐勒再度導出一個波動方程式，它能描述鼓面在垂直方向的位移如何隨時間而變化。這個方程式的物理意義是：鼓面上每一小塊的加速度，都正比於周圍鼓面對它所施加的平均拉力。寫成數學符號的話，它看起來跟一維波動方程式極為相似，不同的是，這個方程式包含了兩個獨立方向的空間（二階）變化率。

小提琴弦有兩個固定的端點，這個「邊界條件」（boundary condition）具有重大的意義：它決定了波動方程式的哪個解才對小提琴有物理意義。

在一般性的波動問題中，邊界條件一律具有絕對的重要性。鼓面與琴弦除了維度不同之外，前者更有一個有趣得多的邊界，它是一個封閉曲線，例如一個圓。鼓面的邊界與琴弦的邊界一樣是固定的，鼓面的其他部分都能運動，但它的邊緣卻被緊緊綁住。因此，這個邊界條件限制了鼓面可能的運動模式。而小提琴弦的兩個孤立端點構成的邊界條件，就比不上一個封閉曲線來得有趣與多變了。這也就是說，邊界的真正地位只有在高於一維時才變得明顯。

十八世紀的數學家對波動方程式漸漸了解之後，也學會了如何解出各種形狀的鼓面所對應的波動方程式。不過此時波動方程式開始從音樂的領域抽離，轉而成為物理數學的一個中心角色。

波動方程式也許是有史以來最重要的數學式，就連愛因斯坦（Albert Einstein, 1879-1955）著名的質能關係式也比不上。這是一個極為戲劇化的例子，它告訴我們數學如何揭露隱藏於自然中的統一性。

同樣的方程式開始在各處出現：出現在流體力學中，描述水波的形成與運動；出現在聲學中，描述聲波的傳遞，即空氣的振動，也就是空氣分子輪番壓縮與舒張的過程；此外它也出現在電學與磁學之中，並且為人類文化帶來了永久性的改變。

電與磁的故事

電學與磁學擁有悠久而繁複的歷史，比波動方程式的歷史還要複雜得多。除了數學與物理的理論之外，它還牽涉到偶然的發現與關鍵性的實驗。

電與磁的故事是從英國女王伊莉莎白一世的御醫吉爾伯特（William Gilbert, 1544-1603）身上開始的。他把地球描述為一個大磁鐵，並且觀察到帶電的物體會互相吸引或排斥。接下來出場的人物是富蘭克林（Benjamin Franklin, 1706-1790），他於一七五二年利用風箏在雷雨中捕捉閃電，從而證明了閃電是電的一種形式。然後是伽伐尼（Luigi Galvani, 1737-1798），他發現電花會引起死青蛙腿部肌肉的收縮；此外還有伏特（Alessandro Volta, 1745-1827），他是電池的發明人。

在這些早期的發展中，電與磁大都被視為兩種涇渭分明的自然現象。第一個為電與磁的統一奠基的人，是英國的物理學家兼化學家法拉第（Michael Faraday, 1791-1867）。

法拉第任職於倫敦的皇家研究所（Royal Institution），他的工作之一是每週設計一個實驗，向那些對科學有興趣的會員示範。由於需要不斷創造新的點子，使得法拉第成為歷史上最偉大的實驗物理學家之一。法拉第對於電與磁的現象特別感興趣，因為他知道電流可以產生磁力。他花了十年時間，試圖證明相反的效應：磁體也能產生電流。這項嘗試於一八三一年成功，法拉第因此證明了電與磁只是一體的兩面，兩者合稱為「電磁」（electromagnetism）。

據說英王威廉四世曾經問法拉第，他的科學把戲究竟有什麼用處，結果威廉四世得到的答覆是：「啟稟陛下，我不知道，但我知道總有一天您將從中抽稅。」事實上，電磁的實際應用很快便問世了，最有名的要屬電動機（electric motor，俗稱「馬達」）（電流產生磁力，磁力再產生運動），以及發電機（運動加上磁力產生電流）。

除此之外，法拉第還提出了電磁的理論。由於他並非數學家，只好借用實際的圖像來表達他的想法，其中最重要的一個便是力線（line of force）的觀念。如果我們將磁鐵擺在一張紙下面，然後在紙面撒上鐵屑，那些鐵屑就會排列成整齊的曲線。法拉第對這些曲線的解釋是：磁力並非不需要媒介便能作用到遠方；它是藉著一些曲線在空間中傳遞。而電力線的觀念也如出一轍。

馬克士威方程式

法拉第科學遺產的繼承者馬克士威（James Clerk Maxwell, 1831-1879）則是一個很好的數學家。馬克士威將法拉第所提出的力線觀念，用描述磁場與電場（也就是磁力空間中的分布）的數學方程式表示出來。一八六四年，他將自己的理論精煉成一組四個微分方程式。這些方程式的形式十分優美，能夠描述磁場變化與電場變化之間的關係，還能顯示電與磁之間奇妙的對稱性——兩者以類似的方式互相影響。

藉著馬克士威方程式的優美符號體系，人類得以從小提琴一舉躍進到電視機。這是因為只要幾個簡單的數學推導，便能從馬克士威方程式中導出波動方程式。波動方程式意味著電磁波（electromagnetic wave）的存在；此外，這個波動方程式還顯示電磁波的傳遞速率剛好等於光速。從這裡立刻可以推出的一個結論，便是光線本身即為一種電磁波；畢竟，以光速行進的波動最明顯的就是光波。

正如小提琴弦能以不同頻率振動，根據波動方程式，電磁波也應該可以。對於肉眼能夠看見的電磁波而言，頻率所對應的就是光線的色彩。不同頻率的琴弦會產生不同音調，不同頻率的可見電磁波則產生不同色彩。如果頻率超出可見光的範圍，那麼電磁波就不再是光波，而成了其他種類的波動。

什麼樣的波動呢？在馬克士威提出他的方程式時，沒有人知道答案。畢竟一切都只是臆測，唯一的根據是那些方程式的確能夠描述真實的物理世界。馬克士威方程式必須通過檢驗，大家才會相信那種波動真正存在。

需要科學家再接再厲

馬克士威的想法雖然在英國受到一些支持，但開始時在國外卻幾乎無人問津。直到一八八七年左右，德國物理學家赫茲（Heinrich Hertz, 1857-1894）製造出電磁波（對應的頻率是我們今天所謂的無線電波），並且以實驗偵測出來之後，世人的看法才完全改變。這個傳奇的最後一幕由馬可尼（Guglielmo Marconi, 1874-

1937）主演，他在一八九五年成功地製成第一架無線電報機，並在一九〇一年收發了第一通橫越大西洋的無線電訊號。

至於其他的發展，套句老話，全都成了歷史：雷達、電視機、錄影機等等發明相繼出現了。

當然，真正的史實是數學、物理、工程與經濟之間冗長而複雜的互動發展，以上的敘述只是一個概要而已。沒有任何人能獨享發明無線電的榮耀，任何一種發明或發現都不是一個人的功勞。我們可以想像得到，即使數學家未曾累積那麼多有關波動方程式的知識，馬克士威或他的後繼者也會研究出它所蘊含的意義。可是知識要累積到一個臨界量才能爆炸，沒有任何科學家有那麼多的時間或想像力，能夠為了製造工具而製造母機，為了製造母機而製造零件……即使那只是智慧的無形工具。

我們可以看到一個明顯的歷史脈絡，起點是小提琴，而終點是電視機。也許在另一顆行星上，事件的發展會完全不同，可是我們這顆行星的歷史就是這樣。

甚至在另一顆行星上，歷史也可能沒有什麼不同；好吧，沒有太大不同。馬克士威的波動方程式極為複雜，它同時描述電場與磁場兩者在三維空間中的變動。而琴弦的方程式則簡單得多，變動的只有一個物理量——位置，而且是沿著一維直線的變動。

數學的發現通常都是從簡單而漸趨複雜，如果對一個簡單的系統（例如振動的琴弦）沒有經驗，而單單想要以「目標導向」的方式研發無線電報（不需電線就能傳送電訊的方法，這個稍嫌古老的名詞正是這麼來的），那一定不會有什麼成功的希望。就像我們今天想要研發反重力或超光速引擎一樣，沒有人知道該從何處下手。

多虧有了數學家

當然，小提琴只是人類文化的偶然產物；事實上，應該說是歐洲文化的偶然產物。不過，線性物體的振動卻遍布整個宇宙，在宇宙各個角落都能發現它的各種面貌。就以參宿四（Betelgeuse，即「獵戶座 α 星」）的第二號行星來說吧，據說那兒住有類似節肢動物的外星人。或許在某個蜘蛛網上，一隻昆蟲拚命掙扎而使網絲產生的振動，便是那些外星人發現電磁波的真正起因。可是若想要導致赫茲所做出的劃時代發現，首先一定要有一連串清晰的概念，才能設計出一系列奠基的實驗，而這一連串概念總要有個簡單的起點才行。

唯有數學才能揭露自然界的單純性，讓我們得以從簡單的例子推廣到真實世界的複雜現象。將一個數學洞見轉變成有用的產品，是許多不同領域的許多人共同努力的結果。所以，下一次當您戴著隨身聽慢跑，或是打開電視機，或是在看錄影帶的時候，請先靜下心來默想個幾秒鐘：假如沒有數學家，這些神奇的產品又怎麼會出現？

第六章

因為失稱的緣故

這個宇宙中的失稱機制

竟然同時主宰了宇宙本身，還有我們每一個人人類心靈對於「對稱」向來十分鍾情。對稱會吸引我們的視覺，因此在我們的審美觀中扮演重要的角色。不過，完美的對稱是重複而可預期的結構，而我們的心靈也特別喜歡驚喜，因此，我們常會認為不完美的對稱比絕對的數學對稱更加美麗。

大自然似乎也對於對稱情有獨鍾，因為自然界許多最驚人的模式都具有對稱性。不過，大自然也似乎不喜歡過多的對稱，因為幾乎所有自然模式所擁有的對稱性，都要比導致這些模式的起因中的對稱性來得少。

這好像是一件很奇怪的事，也許有人還記得，與妻子居禮夫人（Marie Curie, 1867-1934）共同發現放射性的大物理學家居禮（Pierre Curie, 1859-1906）曾經提出一個一般性的原則：「因與果具有等量的對稱性」。然而，世上充滿了對稱性因大於果的例子，原因在於我們現在稱為「自發失稱」（spontaneous symmetry breaking，亦稱「自發對稱破缺」）的現象。

對稱不但是一種美學概念，也是一種數學概念，它能讓我們將各種不同的、具有規律的模式分類，並且能辨別各種模式的異同。失稱則是一個較為動態的觀念，所描述的是模式的改變。

在了解自然界的模式究竟從何而來，而且如何改變之前，我們必須先找出一種描述對稱的適當語言。

對稱是什麼？

對稱是什麼？且讓我們從特例著手，再推廣到一般問題上。

我們最為熟悉的對稱形體之一，就是自己這副皮囊。人體是一種「兩側對稱」的結構，意思是說，它的左側（幾乎）與右側完全相同。但是正如第一章提過的，人體的兩側對稱只是一種近似：心臟並非位於正中央，臉孔左右兩側也並不完全一樣。不過整體而言，人體非常接近完美的對稱。

為了描述對稱的數學結構，我們可以想像一個理想化的人形，其中左右兩側完全一模一樣。可是真的一模一樣嗎？並不盡然。這個人形的兩側占據了不同的空間；而且嚴格說來，左側其實是右側的反轉，亦即它的鏡像（mirror image）。

一旦我們用到「像」這種字眼時，我們已經在想像兩個形體之間如何對應：如何挪動某個形體，以便讓它與另一個重疊在一起。兩側對稱意味著，如果讓左側在鏡中反射成像，那麼我們就會得到右側的結構。反射（reflection）是一種數學概念，但它並不是形體、數字或數學式，而是一種「變換」；換句話說，是挪動某些物件的數學規則。

變換有許多不同的種類，但大都不具對稱性。為了要讓左右兩側正確對應，鏡子必須擺在對稱軸（symmetry axis）上，這個軸能將人形剖分為相對的兩半。然後，反射的結果會使人形保持不變（invariant），即外表看起來沒有任何變化。（譯注：此處的反射是指「二維反射」，所謂的「人形」其實是平面上的「人影」。）

因此，我們發現了一個描述兩側對稱的精確數學敘述：如果一個形體在反射之下不變，那麼它就具有兩側對稱。推而廣之，一個物體或系統所具有的對稱性，等同於使它不變的各種變換。這個描述是我所謂「實體化過程」的一個極佳範例：「以某種方式變換」的過程變成了一樣事物——對稱。這個簡單卻精妙的刻劃，已為一個廣闊的數學領域開啟了一扇門。

反射、旋轉、平移

對稱有許多不同的形式，其中最重要的是反射、旋轉（rotation）與平移

（translation），以較為口語的說法，就是翻動、轉動與滑動。

如果我們將某個放在平面上的物體翻到背面，所得到的結果就跟讓它經過某個鏡子反射之後的結果相同。想要找出那個鏡子應該放在哪裡，我們需要在原來的物體上選一個點，再找出物體翻面之後那個點的位置，然後將這兩點連成一條直線。那麼鏡子就該擺放在那條線段的中點，並且與它形成直角（請參考次頁圖）。反射也可以在三維空間中進行，不過此時的鏡子是我們更為熟悉的，一個如同普通鏡面的平面。

想要在平面上旋轉某個物體，我們需要先選取一個稱為中心的點，然後讓整個物體繞著這個中心旋轉，就像車輪繞著軸心轉動一樣。我們讓這個物體旋轉的角度，決定了這個旋轉的「大小」。

舉例來說，讓我們想像一朵花，具有四瓣一模一樣且距離相等的花瓣。如果我們將這朵花旋轉九十度，它看起來會跟原先完全一樣，因此「旋轉一個直角」這個變換，是這朵花的一種對稱。

旋轉同樣可以在三維空間中進行，不過此時需要先選取一條直線，稱為旋轉軸，再讓物體繞著這個軸轉動，就像地球繞著地軸轉動那樣。同理，繞軸旋轉的

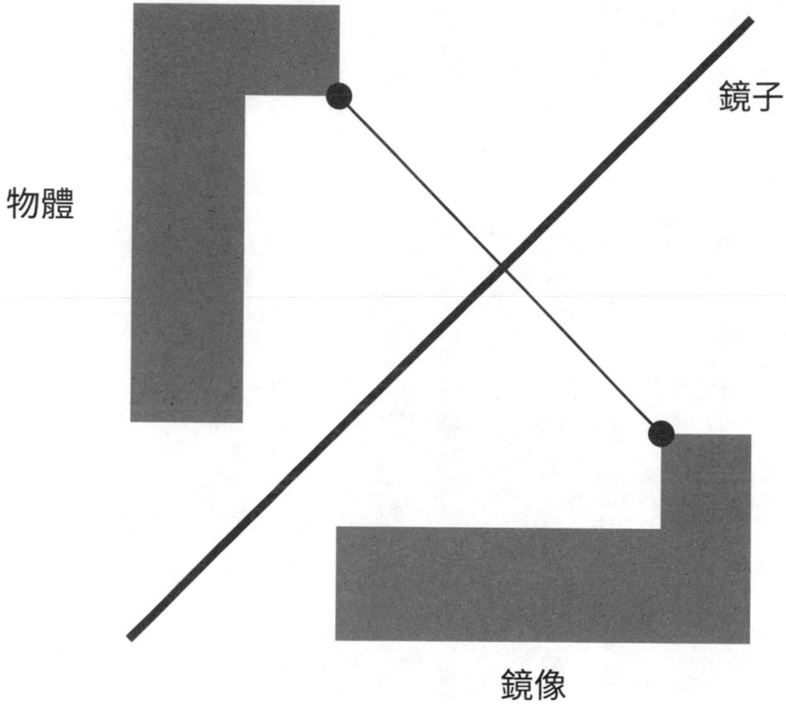

鏡子該擺在哪裡？如果已知一個物體與它的鏡像，想找出鏡子要擺在哪裡，應該在物體上選取一個點，並且找到鏡像中相對點的位置，再將這兩個點用直線連接起來。鏡子一定會經過該線段的中點，並且與它互相垂直。

角度也有無數不同的選擇。

平移則是讓物體沿著直線滑動，可是本身並不轉動的變換方式。讓我們拿浴室的瓷磚牆做例子，如果我們拿起一塊瓷磚，令它水平滑動一段適當距離，它就會蓋在旁邊那塊瓷磚的正上方，而那段「適當距離」就是瓷磚的寬度。

如果我們讓它滑動瓷磚寬度的兩倍、三倍或任意整數倍，整個圖案仍舊不會改變。如果將瓷磚沿著垂直方向滑動，或是將水平滑動與垂直滑動組合起來，我們還是能得到相同的結果。

其實，我們能做的不只是滑動一塊瓷磚；我們還可以讓整面牆的瓷磚一起滑動。同理，唯有在水平與垂直的滑動距離都是瓷磚寬度整數倍的情況下，滑動後的瓷磚圖案才會剛好與原先的圖案相同。

反射能反映出一個形體左右兩側的對稱，例如人體；旋轉能反映出圓周上相同單元的對稱，例如花瓣；平移則能反映出平面上相同單元的對稱，例如規則排列的瓷磚，此外，布滿了六邊形「瓷磚」的蜂巢，也是自然界一個極佳的平移對稱範例。

池塘中的漣漪

自然模式的對稱性到底從哪裡來呢？

讓我們試著想像一個靜止的池塘，它的表面光滑如鏡，可以把池塘視為一個數學的平面。而且池塘的面積也足夠大，因此雖然具有邊界，仍然能設想成一個無限的平面。

假如我們將一顆石子丟進池塘中，就能看到一個模式——漣漪，也就是許多圓形的波紋，以石子落水的位置為中心向外擴散。我們全都看過這種景象，沒有人會感到驚訝。畢竟我們看到了起因：那顆石子。若是我們未曾看到石子，也沒有看到任何可能擾動水面的東西，那就一定看不到任何波紋，在我們面前的，只是一個平靜而光滑如鏡的池塘罷了。

池塘中的漣漪是失稱的一個例子。一個理想的數學平面擁有大量的對稱性，每一部分都與其他部分完全相同。我們可將這個平面沿著任何方向平移任何距離，繞著任何中心旋轉任何角度，或是利用任何「鏡線」來使它反射，最後它看起來仍會跟原來的一模一樣。

反之，圓形漣漪的模式擁有的對稱性就比較少了，它的對稱僅對應於繞著石子落水點的旋轉，以及通過該點的各個「鏡線」造成的反射。除此之外，再也沒有任何平移、旋轉或反射能使它保持不變。石子破壞了平面的對稱，也就是說在它擾動池塘之後，水面的許多對稱性都消失了。

不過，並非所有的對稱性都消失，這就是我們還能看到一個模式的原因。然而，這些都沒什麼大不了，因為我們知道全都是那顆石子闖的禍。事實上，由於石子的落水，而使池塘中某一點的地位變得跟其他各處都不一樣，所以漣漪的對稱性正是我們預料中的結果。這些對稱剛好對應於不會挪動那個特殊點的變換。所以說，當漣漪出現時，池塘並沒有發生自發性的失稱，因為我們還能偵測到引起諸如平移對稱消失的原因。

假如一個光滑如鏡的池塘，在沒有任何明顯緣由的情況下，突然產生了一連串的同心圓波紋，那我們就會比較驚訝，甚至大感驚訝。我們會想到，也許是池塘裡的魚擾動了水面，或是的確有什麼東西掉了進去，只是由於飛得太快，所以我們沒注意到。

他們不相信貝魯索夫

人類對於「模式必有明顯起因」的信念，實在根深柢固。俄國化學家貝魯索夫（B. P. Belousov）在一九五八年發現了一種化學反應，能夠自動形成某種模式，看起來就好像無中生有。他的同事卻都拒絕相信這個結果，他們甚至懶得去檢查貝魯索夫的實驗；在他們看來，貝魯索夫顯然得到了錯誤的結果，檢查他的實驗只是浪費時間而已。

真是太可惜了，因為他的結果毫無錯誤。

貝魯索夫發現的那個特殊模式，並非存在於空間中，而是一種時間上的模式，它的反應會產生一連串週期性的變化。一九六三年，另一位俄國化學家查玻廷斯基（A. M. Zhabotinskii）修改了貝魯索夫的反應，使它也能在空間中形成模式。為了紀念他們的貢獻，類似的化學反應統稱為「貝魯索夫—查玻廷斯基反應」或「B—Z反應」。如今，我們示範這種反應所用的化學藥品比當年的簡單，這都得歸功於英國生殖生物學家寇恩（Jack Cohen）與美國數理生物學家溫弗瑞（Arthur Winfree）所做的改良。經過他們改良的實驗變得非常簡單，只要能找到必要的化學藥品，任何人都可以動手做。那些化學藥品有點稀罕，不過總共只需要四種。

姑且不提那些實驗裝置，讓我告訴您實驗的過程與結果就好。那些化學藥品都是溶液，要先將它們以正確的順序混合，然後倒進一個碟子裡。混合液起初呈現藍色，然後又變成紅色。將它靜置一會兒，在十分鐘乃至二十分鐘之間，什麼事都不會發生，看來只是一個毫無特色的池塘。在此毫無特色指的是溶液的顏色，那是均勻的紅色。這種均勻色澤沒有什麼好奇怪的，畢竟我們將那些溶液都混到一起了。

接下來，我們將發現有一些微小的藍色斑點出現。這可是令人驚奇的一件事。那些斑點會擴散開來，形成一個又一個藍色的圓盤，每個藍色圓盤中又會出現一個紅色的斑點，使圓盤變成中間有一個紅心的藍圈。藍圈與紅心都會繼續向外擴張，當紅心變成一個足夠大的圓盤時，裡面又會出現一個藍色斑點。這個過程會一直循環不已，因而形成一群不斷增長的「箭靶」——一圈又一圈紅藍相間的圓圈。

這些箭靶模式與池塘中的漣漪擁有完全相同的對稱性，不過這回我們卻看不到任何石子。這是一個奇異而神祕的過程，模式（也就是秩序）從無序而雜亂的混合溶液中自動出現。怪不得當年那些化學家不相信貝魯索夫。

並非只是化學戲法

不過B—Z反應的把戲還不只如此。如果我們將碟子稍微傾斜一點，然後再擺回原先的位置，或是將一根熱鐵絲浸到溶液中，那些圓圈就會被我們打碎，而變為不停轉動的紅、藍螺線。假如貝魯索夫當年也聲稱他發現了這個結果，他的同事一定會氣得耳朵冒煙。

這種行為並非只是化學戲法，人類心臟的規律跳動也有賴於同樣的模式，只不過後者的模式表現於電性的變化。

我們的心臟並不是一團毫無分別的肌肉組織，也不會自動同步收縮；它是由幾百萬個肌纖維組成，每個肌纖維都是一個細胞。在受到電訊號與化學訊號的刺激之後，這些纖維才會收縮，並且將那些訊號傳給旁邊的纖維。想要讓心臟做出整體性跳動，最大的問題是所有的纖維幾乎得同步收縮。

為了達到同步收縮所需的精確度，我們的腦部必須對心臟發出電訊號。這些訊號會觸發某些肌纖維產生電性變化，然後這些變化又會傳到旁邊的纖維。於是這種影響開始向外擴散，就像池塘的漣漪或B—Z反應中的藍色圓圈。只要這種波動形成環狀，心肌纖維就會同步收縮，心臟也就會正常跳動。若是這種波動變成了螺旋狀，就像有病的心臟所表現的那樣，便會造成一組互不協調的局部收縮，心臟就會進行纖維性顫動（fibrillation）。纖維性顫動如果未受遏止，只要持續幾分鐘便會造成死亡。因此，我們每個人都是圓形波紋的受惠者。

心臟中的波紋模式與池塘中的一樣，能讓我們看到一個特殊的起因：腦部所傳來的訊號。但是在B—Z反應中，我們卻什麼也看不到，對稱沒有受到任何外在的刺激，就「自動自發」消失了。

然而，「自發」這個詞的意思並非沒有任何起因，它是指起因可以盡量細小、盡量微不足道。就數學的觀點而言，關鍵在於均勻分布的化學藥品（那團毫無特色的紅色溶液）是不穩定的。假如化學藥品不再混合均勻，使溶液呈現紅色的細微平衡就會遭到破壞，而這種失衡所導致的化學變化，就會觸發藍色斑點的形成。從那一刻開始，整個過程就會變得非常容易理解，因為此時藍色斑點就好像一顆化學「石子」，引發了後來一連串的化學反應。

不過，至少就數學理論而言，想要觸發藍色斑點，溶液的失稱程度多麼小都沒關係，只要不是零就可以。在真實液體中，總有許多微小的灰塵或泡沫（至少有我們稱為「熱」的分子振動模式），能夠打破完美的對稱狀態，而這就夠了。一個無限小的起因會導致大規模的效應，那個效應就是一個對稱的模式。

從化學分子到細胞、病毒

從次原子粒子（subatomic particle）的結構到整個宇宙，自然界的對稱可以在各個尺度中發現。許多化學分子都是對稱的，例如甲烷（methane）分子是正四面體（tetrahedron），一個各面都是正三角形的金字塔，碳原子位於中心，四個氫原子則位於四角；苯（benzene）分子則是六重對稱的正六邊形；目前相當流行的巴克球（buckminsterfullerene）分子，則是六十個碳原子形成的「截角（truncated）正二十面體」。（正二十面體是由二十個正三角面構成的規則立體圖形，「截角」則表示將它的每個角都切成一個面。）這種結構的對稱性使分子變得極為穩定，為有機化學開啟了新的研究領域。

在比分子更大一點的尺度上，我們可由細胞結構中發現許多對稱的例子。

細胞複製的核心過程存在著一門具體而微的機械工程學。在每個活細胞的深處，都有一個幾乎沒有形狀可言的結構，稱為中心體（centrosome）。中心體向外長出許多細長的微管（microtubule，亦稱「微質管」），那是細胞內部「骨架」的基本成分。整體而言，中心體與微管就像一個微型的海膽。

中心體於一八八七年被人發現，它在細胞分裂過程中扮演很重要的角色，而它的結構則顯現出驚人的對稱性。中心體內部有兩個稱為中心粒（centriole）的圓柱形結構，兩者的位置互成直角。每個中心粒都是由二十七根平行的微管組成，這些微管每三個拼成一條，再排列成一個完美的九重對稱結構（譯注：橫切面類似有九道光芒的星形，只是這些「光芒」不是輻射狀，而是全朝順時針方向偏去，或全朝逆時針方向偏去——依您的觀看角度而定）。微管本身也具有不可思議的對稱性，它們是中空的管子，由兩種不同的蛋白質：α—微管蛋白（tubulin）與β—微管蛋白構成，這兩個單元排列成類似西洋棋盤的絕對規則模式。

也許終有一天，我們會了解，大自然為何選取這些對稱形體。但是無論如何，能在活細胞的核心發現這些對稱結構，實在令人驚嘆不已。

病毒通常也是對稱的，它們最普遍的形體是螺旋狀與正二十面體。比如說，流行性感冒的病毒就是螺旋狀。不過大自然最偏愛的還是正二十面體的病毒，它們的例子包括：疱疹（herpes）病毒、水痘（chickenpox）病毒、人體疣（human wart）病毒、犬類傳染性肝炎（canine infectious hepatitis）病毒、蕪菁黃嵌紋（turnip yellow mosaic）病毒、腺病毒（adenovirus）等等。其中，腺病毒是分子工程另一個鬼斧神工之作，它由二百五十二個完全相同的單元組成，其中每二十一個像撞球一樣排成一個正三角面。（在正二十面體的稜與角上的單元，分別為兩個與五個正三角面共用，這就是為什麼二十乘二十一會出現二百五十二。）

又是相同的模式

在較大的尺度上，自然界也展現了許多對稱性。

發育中的青蛙胚胎，剛開始是一個球狀細胞，然後在分裂過程中逐漸失去對稱性，最後，當它變成由數千個小細胞組成的囊胚（blastula）時，整個形體又再度變為球形。接著，囊胚開始向內捲縮，這就是所謂的原腸胚形成（gastrulation）過程。在這個陷縮過程的早期階段，胚胎具有一個三維旋轉對稱，對稱軸的位置通常由卵黃（yolk）的最初分布來決定，有時也會受到精蟲進入點的影響。這個旋轉對稱在後期便會消失，只剩下一個鏡射對稱（mirror symmetry），這就是成年青蛙具有兩側對稱的原因。

火山是錐形，星體是球形，星系是螺旋狀或橢圓形。根據某些宇宙學家的說法，宇宙本身最近似的形體是個不斷擴張的巨大球面（譯注：在此應指三維超球面，而不是普通的二維球面）。

想要了解大自然，一定不能忽略這些俯拾即是的模式。我們必須解釋它們為何那麼普遍，為何眾多不同的自然現象都顯現出相同的模式。雨滴與星體都是球形，漩渦與星系都是螺旋狀，蜂巢與「魔鬼步道」（Devil's Causeway）都是正六邊形的陣列。

在這些模式之下，必定存在著某個一般性原理。我們不能將每個例子都視為孤立的題目，而僅利用內在機制解釋個別的模式。

不變性原理

失稱就是這樣的一個原理。

可是想要讓對稱消失，開始的時候一定要有對稱存在。乍看之下，這似乎是用另一個問題取代了模式形成的問題。舉例而言，在我們能夠解釋池塘中的環形漣漪之前，我們得先解釋池塘。然而漣漪與池塘有一個重大差異：池塘的對稱性是如此龐大，它表面上的每一點都跟另一點完全相同，因而我們未曾將它視為模式，而只將它視為擁有單調的均勻性。

想要解釋單調的均勻性非常簡單：一個系統的各個成分沒有理由互不相同的時候，均勻性是這個系統唯一的選擇。也就是說，它是自然界的預設狀態。

如果某樣東西具有對稱性，對稱的各個部分便能互換。例如，正方形的一角看來跟另一角完全一樣，因此我們可以將兩角交換，而不致使正方形的外形改變。甲烷中的四個氫原子全部相同，因此我們可以讓這些原子互相交換。一個星系的某個區域看來跟其他區域極為相似，因此我們也可以將兩個（螺）旋臂（spiral arm）中的區域交換，卻不會造成任何重大改變。

簡言之，自然界具有對稱性的原因，在於我們住在一個從事「大量生產」的宇宙中，這宇宙就好像池塘表面的情形一樣。每個電子都與其他電子完全相同；每個質子都與其他質子完全相同；每一塊空間都與其他空間完全相同；每一個時刻都與其他時刻完全相同。而放諸宇宙皆準的，除了時間、空間的結構與物質之外，甚至控制它們的定律也如是。

愛因斯坦因此將這個「不變性原理」（invariance principle）當作研究物理的基石，「時空中沒有任何的特殊點」是他的基本思想。在這種觀念的指導下，愛因斯坦推演出了（狹義）相對論，有史以來最重要的物理發現之一。

對稱性的因，不對稱的果

這樣聽來似乎很不錯，但它卻產生了一個難解的弔詭：如果物理定律在所有的空間與時間都完全一樣，宇宙中又為何會有「有趣」的結構呢？難道它不該是均勻且毫無變化嗎？如果宇宙各個角落與其他角落都能互換，那麼各個角落互相之間都不會有任何區別；同理，每個時刻也是如此。

但這並非事實。近代宇宙學認為宇宙起始於一個單一的點，是百億年前的大霹靂（big bang）無中生有的結果。這理論無異使我們的問題雪上加霜：在宇宙形成的那一剎那，所有的空間與時間不但沒有分別，根本就是完全相等的；那麼現在為什麼會有不同呢？

答案是：本章開頭所提到的「居禮原理」並不成立。除非有起因無限小這個微妙的條件做為前提，否則，居禮原理通常會使人對於對稱系統的行為，產生誤導的直觀。居禮原理能夠預測成年青蛙具有兩側對稱（因為幼小的青蛙是兩側對稱的，根據居禮原理，這個對稱性永遠不會改變），這似乎是它極大的成功。但相同的論證如果用在球形的囊胚階段，則會導致一個同樣有力的預測：一隻成年青蛙應該是個肉球。

自發失稱原理則要好得多，它與居禮原理剛好背道而馳，認為對稱性的「因」通常都會產生比較不對稱的「果」。例如：演化中的宇宙能打破大霹靂的初始對稱性；球形的囊胚能發育成兩側對稱的青蛙；二百五十二個完全可以互換的腺病毒單元，能將自己排列成一個正二十面體，此時某些單元會占據較為特殊的位置，例如正二十面體的角。此外，二十七個非常普通的微管，也能夠聚在一起形成一個中心粒。

一個微小的不對稱擾動

好的，可是為什麼還會有模式呢？為什麼不是毫無結構的凌亂一團，其中一切的對稱統統消失呢？

貫穿所有失稱研究最重要的脈絡之一，便是數學的行事方式並非那樣。對稱的消失並非心甘情願，我們這個從事大量生產的宇宙充滿太多的對稱性，幾乎沒有什麼理由讓它們全部失蹤，因此會有許多對稱性留存下來。甚至那些失落的對稱性，其實也可以說並未真正消失，而是變成潛在的存在。

舉個例子，當二百五十二個腺病毒單元準備結合在一起時，其中任何一個單元都能占據某個角，從這個觀點看來，它們全都可以互換。然而，最後只有一個單元能真正占據那個角，所以我們說對稱性消失了，各個單元的地位不再完全相同。可是某些對稱性仍然保留下來，因此我們看到了一個正二十面體。

就這樣的觀點而言，我們在自然界所觀察到的對稱性，正是這個宇宙的普遍對稱性被打破之後，所殘存下來的一些遺跡。理論上說來，宇宙能存在於任何具有巨大對稱性的可能狀態，但實際上它只能從中選取一個。而在這樣做的時候，它必須將某些對稱性轉變成不可觀測的潛在對稱性；不過，某些原有的對稱性仍然可能保留。

假如真是這樣，我們便能觀察到某個模式；自然界大多數的對稱模式，都是源自這個一般性機制的某些版本。

這個理論可說是居禮原理的復活，不過內容卻有了一百八十度的逆轉。如果我們允許一個微小的不對稱擾動，它能在完全對稱狀態中觸發不穩定的因素，那麼這個數學系統就不再具有完全的對稱了。然而，整個過程的關鍵在於，最初稍微偏離對稱狀態的起因，會導致完全失去對稱性的結果。也正是這種微小的偏離始終存在，使得居禮原理無法預測任何對稱性。

用數學理論來統一

以一個具有完全對稱性的模型來模擬真實系統，能讓我們從中學到很多，但是我們一定不能忘記，這種模型具有許多可能的狀態，其中卻只有一種能夠真正實現。只要有任何微小的擾動，就會迫使真實系統從理想系統的各種可能狀態中選擇一個。

如今，這種研究對稱系統行為的方法，已經成為了解模式形成的一般性原理的利器之一了。

尤其重要的是，失稱的數學理論能夠統一乍看之下差異極大的現象。我們可以舉第一章提到的沙丘模式為例，沙漠可用布滿沙粒的平面來模擬，風可以用流過這個平面的流體來模擬。我們只要考慮這個系統的對稱性，以及它們如何消失，就能推導出許多真實的沙丘模式。比如說，假如風向與風速固定，整個系統就對平行於風向的方向具有平移不變性。

打破這些平移對稱性的方法之一，是製造一組互相平行的週期性條紋，每個條紋都與風向互相垂直，而這種條紋就是地質學家所謂的橫沙丘。如果那些條紋本身也具有週期性，就會有更多的對稱性消失，我們便能得到波浪狀的波狀沙脊了，其他情況皆可依此類推。

然而，上述的失稱數學原理不只對沙丘有效，也適用於任何具有相同對稱性的系統；因為任何流體流過平面都會產生類似的模式。我們可以用相同的模型，來模擬多泥的河流流過沿海平原，並造成淤積；或是退潮時淺海的海水流過海床。這兩種都是地質學上重要的現象，因為幾百萬年之後，經歷這些過程而產生的模式，就會以岩石的質地凝結在三角洲或海床上，它們與沙丘的模式完全對應。

在這個模型中，流動的液體也可以是液晶（liquid crystal），就是電子錶顯示器所用的材料。液晶具有許多細長的分子，會在磁場或電場的影響下排列出不同的模式。在液晶這個例子中，我們也能發現與沙丘相同的模式。此外，模型中的液體也可以換成化學物質，它們在發育中的動物組織內擴散，傳達表皮模式的遺傳指令。

在這樣的問題中，橫沙丘對應的是老虎與斑馬身上的條紋，而波狀沙脊對應的則是豹子與鬣狗身上的斑點。

都是因為失稱

同樣一個抽象的數學理論，可以在不同的物理與生物系統中實現。數學成了技術移轉的終極；不過移轉的並非機械，而是心靈科技、思考的方式。

失稱的普適性解釋了生命與無生命系統為何具有許多相同的模式。生命本身其實就是創造對稱的過程，也是複製的過程。生物宇宙與物理宇宙同樣採取大量生產的方式，因此有機世界也能展現出許多無機世界的模式。生物體最明顯的對稱性，就是本身的形態了，例如病毒的正二十面體、鸚鵡螺的螺旋殼、瞪羚的螺旋角，以及海星、水母與花朵的完美旋轉對稱。

不過除了形態之外，生物世界的對稱性還包括了行為。這裡所說的行為，指的不只是前面提過的對稱性運動節奏。例如，休倫湖（Lake Huron）中魚類的「地盤」，與蜂巢中各個單元的排列一模一樣，形成的理由當然也完全相同。那些魚類跟蜜蜂幼蟲一樣，不可能全體擠在同一個地方（那是完全對稱隱含的結果），不過牠們會盡可能一個挨著一個，而且相對位置不要有任何差異。這種行為上的限制，便產生了六邊形對稱的鋪排。這個結果與數學技術移轉的另一項驚人實例極為相似，因為相同的失稱機制也令晶體中的原子排列成規則的晶格，而這就是使克卜勒的雪花理論得以成立的物理過程。

上帝是個慣用左手的弱者

在自然界的各種對稱中，鏡射對稱（相對於反射的對稱）是比較令人傷腦筋的一種。二維物體的鏡射對稱不能靠翻轉物體來實現——左腳的鞋子轉過來不會變成右腳。

然而，物理定律幾乎都具有鏡射對稱，唯一的例外只有次原子粒子的某些交互作用。因此，任何不具鏡射對稱的分子，理論上都可能有兩種不同的形式，我們可稱之為左手性與右手性。在地球上，生命選取了一種特殊的「手性」，例如胺基酸（amino acid）就是一個例子。地球生命這種特殊的「手性」究竟從何而來？

它也許只是一個偶然，是太古的機遇藉著大量生產的複製技術，一直流傳至今。假如真是這樣的話，我們便可以想像在某個遙遠的行星上，那裡的生物分子都是我們的鏡像。反之，也可能存在著某種深層的原因，使得宇宙各處的生物都選取了相同的「手性」。

當今物理學家發現自然界總共有四種基本作用力：重力、電磁力與強、弱核力，並且早就知道弱核力違反鏡射對稱，也就是說，在同一個物理問題中，左手系統與右手系統的表現並不相同。正如奧地利裔物理學家鮑立（Wolfgang Pauli, 1900-1958，一九四五年諾貝爾物理獎得主）所說：「上帝是個慣用左手的弱者」。

違反鏡射對稱所帶來的一個重要結果，就是一個分子的能階（energy level）與其鏡像的能階不盡相同。這種效應其實極其微弱，例如某種胺基酸與其鏡像的能階差異只有10^{17}之一。這個值雖然看起來很小，可是我們已經明白，失稱只需要極細微的擾動就夠了。一般說來，能階較低的分子形式較受大自然青睞。就拿那種胺基酸來說，根據計算的結果，在經過大約十萬年之後，能階較低的分子獨霸的機率為百分之九十八。事實上也的確如此，在生物體內發現的這種胺基酸，正是屬於能階較低的形式。

失稱竟然主宰了一切

我在第五章曾經提到，在馬克士威方程式中，存在著一個電與磁之間的奇妙對稱性。粗略的說法是，假如我們將所有代表電場的符號與代表磁場的符號互換，那麼仍然會得到原來的方程式（譯注：「粗略的說法」意指不計電荷與電流，並且忽略正負號的差別）。由於這個對稱性的存在，馬克士威方能將電力與磁力統一為單一的電磁力。

在描述四種基本作用力的方程式之間，也存在著類似的對稱性；雖然這種對稱性並不完美。這就隱含了一個更大的統一性：四種作用力都是同一種力的不同表現。

物理學家已經完成電磁力與弱核力的統一，而根據當今的物理理論，在宇宙早期能量極高的狀態下，四種作用力應該都是統一的。也就是說，四種作用力相互間存在著對稱關係。不過早期宇宙的這種對稱，已經在我們的宇宙之中消失了。一言以蔽之，理論上應該有一個理想的數學宇宙，其中所有的基本作用力相互間都有完美的對稱關係。

只是，我們並不屬於那個宇宙。

這就代表我們的宇宙當初可能展現不同的面貌，可能成為不同的失稱方式所造成的任何一個宇宙，這實在是一個引人入勝的想法。

不過，另一個更吸引人的想法則是：形成模式的基本方式，以及這個宇宙中的失稱機制，竟然同時主宰了宇宙本身、所有的原子，還有我們每一個人。

第六章/因為失稱的緣故

第七章

噠噠的馬蹄聲

跟你打賭，馬在奔跑的時候
有些時刻四隻腳會完全離地

自然界不能沒有節奏，其中的節奏眾多而且變化多端。我們的心臟與肺臟都具有節奏性的週期，週期的長短隨著身體的需要而調整。許多自然界的節奏都有如心跳，可以在「幕後」自行決定一切；另一些自然節奏則類似呼吸，在沒有不尋常的情況發生時，它們根據一個簡單的「預設」模式運作，但是在有需要的時候，另一個更精妙的控制機制就會接管，以便改變那些節奏來適應眼前的需要。在動物的運動模式中，這種可控制的節奏特別普遍，也特別有趣。

促進科學發展的賭局

對於有腿的動物而言，未受意識控制的預設運動模式，就稱為「步調」（gait）。在高速攝影術尚未發明之前，人類根本不可能知道動物在跑步或奔馳時，腿部怎麼運動，因為肉眼無法辨別那麼迅速的動作。據說這種攝影技術源自一場打賭。一八七〇年代，鐵路大亨史丹福（Leland Stanford）跟人打賭兩萬五千美元，賭的是當馬在奔跑的時候，有些時刻四隻腳會完全離地。

為了判決誰勝誰負，一位本名瑪格瑞基（Edward Muggeridge）後來改名麥布瑞基（Eadweard Muybridge）的攝影師，發明了一種連續拍攝馬匹步調的技術。他的方法是將許多攝影機排列在路旁，每個攝影機都連上索線，當馬踢到索線時就會自動按下快門。據說，這場打賭的贏家是史丹福。

不論這個故事是否屬實，我們至少知道麥布瑞基後來成為以科學方法研究步調的先驅。他還發明了一種通稱為「西洋鏡」（zoetrope）的機械裝置，能把他拍的照片顯示成「動畫」，這個發明很快便導致好萊塢的崛起。所以說，麥布瑞基同時締造了一門科學與一門藝術。

本章主要討論的是步調分析，這是數理生物學的一支，源自於「動物如何運動？」以及「牠們為何那麼運動？」等等問題。

為了引介一點不同的內容，我還會討論在整群動物中產生的節奏模式。其中一個極為精采的例子，是某種會同步發光的螢火蟲，這種螢火蟲在遠東地區，包括泰國都可以發現。雖然生物的交互作用在個別動物體內與一群動物之間很不一樣，它們卻擁有一個深層的數學統一性。

本章所要透露的一項訊息，就是同一個數學概念能用在許多不同的層次，以及許多不同的事物上。自然界尊重這種統一性，還會善加利用。

老虎為什麼踱來踱去？

許多這種生物週期的基本原理都是振盪器（oscillator，亦稱「振子」）的數學概念。振盪器擁有一種自然的動力結構，會驅使它以同樣的週期不斷重複某種行為。在振盪器所構成的「線路」中，交互作用會產生複雜的行為模式，生物學則將這些巨大的「線路」連結在一起。這種「耦合振盪器網路」（coupled oscillator network）正是貫串本章的主題。

為什麼某些系統會產生振盪（oscillation）呢？答案是：如果不想或不能保持靜止，這是最簡單的一種運動模式。

籠中的老虎為什麼踱來踱去？牠的運動是兩個限制組合的結果。第一，牠感到焦慮不安，不願意乖乖坐著；第二，牠被關在籠子裡，無法跑到附近的山中。如果我們想要運動，卻又不能自由行動，最簡單的做法就是進行振盪。當然，振盪沒有任何理由必須重複規律的節奏，老虎大可沿著不規則的路徑繞著籠子轉。可是最簡單的選擇，因此也是數學與自然界中最可能發生的狀況，就是找出一系列可行的動作，然後一而再、再而三地重複。這便是我們所謂的週期性振盪。

霍夫分歧

在第五章中，我曾經描述一根小提琴弦的振動，那也算是一種週期性振盪。琴弦進行這種運動的原因跟老虎相同，它不能保持靜止，因為被我們撥動了；可是它也不能一走了之，因為琴弦兩端都被固定，而且琴弦的總能量也無法增加。

許多振盪都自穩態（steady state）產生，當外在條件改變時，原本處於穩態的系統就可能開始進行週期性變動。一九四二年，德國數學家霍夫（Eberhard Hopf）找到一個導致這種行為的一般性數學條件。為了紀念他的貢獻，這種現象現在通稱為「霍夫分歧」（Hopf bifurcation）。

霍夫的想法，是以一個特別簡單的系統模擬原系統的動力結構，然後看看那個簡化系統會不會產生週期性變動。霍夫證明如果簡化系統發生振盪，那麼原系統也會有同樣的行為。這個方法最大的優點，在於可以僅就簡化系統進行計算，這樣的數學計算相當直截了當，而計算的結果卻能告訴我們原系統的行為。想要直接研究原系統是很困難的，霍夫的方法以非常有效的方式避免了這個難題。

「分歧」這個字眼源自一個特殊的意象：週期性振盪從原先的穩態「長出來」，就像池塘的漣漪從中心向外生長那樣。這種意象的物理詮釋是：振盪在開始時非常小，然後穩定地慢慢成長，但成長的速率對我們並不重要。

舉個例子來說，木簫發出的聲音就是霍夫分歧的結果。演奏者將空氣吹進這個樂器時，其中原本靜止的簧片便開始振動。如果將空氣輕輕吹入，簧片的振動幅度很小，產生的便是輕柔的音調。要是演奏者用力吹，簧片的振幅將會加大，音調就會變得比較響亮。重要的是想要讓簧片振盪，演奏者並不需要以振盪的方式吹氣（即迅速地吹出一連串的短氣），這就是典型的霍夫分歧。

如果對應的簡化系統通過了霍夫的數學測驗，那麼真實系統就會自動開始振盪。在這個例子中，簡化系統可被解釋為一支假想的數學木簫，具有一枚相當簡單的簧片，不過在進行實際計算時，其實並不需要用到這種解釋。

時間中的失稱

霍夫分歧可以視為一種特殊形式的失稱。它與前一章討論的失稱並不相同，因為它並非發生在空間中，而是發生在時間中的失稱。

時間是單一的變數（variable），因此在數學中對應於一條直線——時間軸。直線上的對稱總共只有兩種，就是平移與反射。一個系統在時間平移之下具有對稱性是什麼意思？那是指我們在觀察這個系統的運動之後，如果隔一段固定時間再來觀察，將會看到完全相同的行為。您看，這正是對週期性振盪的描述：如果相隔的時間剛好等於系統的週期，我們就會看到完全相同的現象。因此週期性振盪具有時間平移的對稱性。

時間的反射對稱又是什麼呢？它所對應的是將時間流動的方向反轉，這是個更加微妙而且相當玄奧的概念。時間反轉（time reversal）與本章的關係不大，不過它是個極為有趣的問題，值得找個地方討論一下，所以何不現在就提一提？

運動定律對時間反轉具有對稱性，如果我們將任何「合法」（符合物理法則）的運動拍攝下來，再將這段影片倒放，看到的也將是合法的運動。

然而，我們這個世界的各種合法運動，倒放的時候通常都會顯得十分詭異。雨滴從天空落下而形成水坑，這是每天都能看到的景象，但水坑向天空噴出雨點，最後水坑消失無蹤，則是誰都沒見過的奇觀。

這兩者的區別源自初始條件不同，大多數的初始條件都會破壞時間反轉對稱。舉例來說，假如我們決定初始條件為雨滴向下落，這就不是一個時間反轉對稱的狀態，因為它的時間反轉狀態為雨滴「向上落」。雖然物理定律中的時間可逆，它們所造成的運動卻不一定，因為一旦時間反轉對稱被初始條件破壞，它就再也無法復原。（譯注：時間反轉失稱是一個極複雜、極困難的問題，作者以上的解釋絕非定論。）

動物的腿叫LEG

讓我們再回到振盪器來。我已經解釋過週期振盪具有時間平移對稱，可是我還沒告訴各位讀者，這個模式的產生對應的是什麼失稱。

答案是「全時間平移」。一個具有「全時間平移」這種對稱的狀態，在任何時刻看起來都一模一樣，並非一個週期之後才會回復原狀。這也就是說，它必須是個穩態。因此，當一個處於穩態的系統開始進行週期性振盪後，它的時間平移對稱就從「全平移」降低到固定間隔的平移了。

這些聽來都相當理論化。然而，了解霍夫分歧的確是一種時間性失稱之後，對於應付那些另有其他對稱性（尤其是空間對稱性）的系統，霍夫分歧的理論也有了長足的進展。數學工具並不需要依靠特殊的詮釋，因此同時能適用於數種不同的對稱。這種方法的成功案例之一，是將「振盪器對稱網路」進行霍夫分歧時所產生的典型模式做一般性分類。而它最近的應用領域之一，則是動物運動方式的研究。

在動物運動的過程中，牽涉到兩種生物學上不同、但數學上相似的振盪器。最明顯的振盪器就是動物的腿，它們可以視為機械系統，這種機械系統是由骨骼連在一起，繞著關節轉動，靠肌肉的收縮拉來拉去。

然而在這個問題中，最主要的一種振盪器存在於動物的神經系統；因為正是神經線路產生了節奏性的電訊號，然後再刺激並控制腿部的活動。生物學家將這種線路稱為CPG，這三個字母代表「中央模式產生器」（central pattern generator）。我的一個學生則喜歡將動物的腿稱為LEG，代表的是「運動刺激產生器」（locomotive excitation generator）。

動物可以有兩個、四個、六個、八個，甚至更多的LEG，但我們對控制LEG的CPG卻沒什麼直接的認識，原因我很快就會解釋。我們目前所知的事實，許多都是從機械模型倒推而來——也可以說是推過去，如果您喜歡的話。

大象只能行走

某些動物只擁有一種步調：牠們的腿部運動只有一種預設的節奏模式。以大象為例，牠只能夠行走（walk），當牠想要運動得更快時，牠就會快步走，但快步走就是較快的行走。

其他動物則能擁有許多不同的步調，以馬兒為例，在低速行進時，馬兒以普通的步伐行走；需要以較高速前進時，牠們會慢跑（trot）；而以最高速率衝刺時，牠們則是在飛馳（gallop）。有些人在慢跑與飛馳之間還插入另外一項運動模式——奔跑（canter）。這些步調之間具有基本的差異，請您注意，慢跑並不是快步行走，而是另一種完全不同的運動模式。

一九六五年，美國動物學家希德布蘭（Milton Hildebrand）發現大多數步調都具有一種對稱性。比方說當動物跳躍（bound）的時候，兩條前腿會一起運動，而兩條後腿亦然，因此跳躍的步調能保持動物的兩側對稱。其他的對稱則更加微妙，例如駱駝左半部與右半部的運動模式完全一樣，不過兩者的動作有半個週期的「異相」（out of phase）；也就是說，左半部的動作比右半部要落後半個週期。

因此，這種所謂溜蹄（pace）的步調具有特殊的對稱性：左、右反射對稱，但有半個週期的「異相」。

我們正是依照這種失稱來運動——雖然我們具有兩側對稱，卻不能同時扭動雙腿。兩足動物並不採取那種完全對稱的運動方式，這有明顯的好處，因為如果我們同時揮動兩腿，就注定會跌倒在地。

馬兒多才多藝

四足動物則有七種最普遍的步調：慢跑、跳躍、溜蹄、行走、旋轉式飛馳、橫向式飛馳、奔跑。

在慢跑的時候，四足動物的四條腿形成對角的兩對，先是左前腿與右後腿同時著地，然後才是右前腿與左後腿。在跳躍的時候，兩條前腿同時著地，然後是兩條後腿。溜蹄是將四條腿做縱向的組合，先是左側兩腿著地，然後是右側的兩條腿。行走則牽涉到更為複雜但同樣的節奏模式：左前、右後、右前、左後，如此周而復始。

在進行旋轉性飛馳時，兩條前腿幾乎同時著地，但是（比方說）右腿比左腿稍微晚一點，然後兩條後腿也會幾乎同時著地，但這次是左腿比右腿稍晚一點。橫向性飛馳與旋轉性飛馳類似，不過兩條後腿著地的順序與前腿相同。而奔跑更加奇妙，那是左前腿先著地，接著是右後腿，然後另外兩條腿再同時著地。此外，還有一種更加稀罕的步調「蹦跳」（pronk），是一種四條腿同時運動的模式。

蹦跳十分罕見，只有卡通片中例外，不過偶爾可以在小鹿身上看到。溜蹄可見於駱駝，跳躍可見於犬類，印度豹則以旋轉式飛馳全速前進。在四足動物中，馬匹要算是最多才多藝的，牠們視情況而定，能夠使用行走、慢跑、橫向式飛馳與奔跑。

兩足動物有兩種步調

轉換步調的能力來自CPG的動力系統。CPG模型背後的基本觀念，在於動物步調的節奏與相位關係（phase relation）是由相當簡單的神經線路的自然振盪模式所決定。這種線路看來像什麼樣子呢？想要在動物體內找到一段特定的神經線路，就好像大海撈針一樣困難；而想要將最簡單動物的神經系統畫出來，也遠非今日科技所能做到的事。因此我們必須以較為間接的方式，來旁敲側擊CPG

結構這個問題。

間接的方法之一，就是找出一種最簡單的線路，能夠產生各種相異但相關的步調對稱模式。乍看之下，這似乎是一項艱巨的任務，即便我們試圖虛構一些精緻的結構，就像汽車齒輪箱一樣能夠操縱步調的變化，那樣做也情有可原。但是，霍夫分歧理論告訴我們，其實有個更簡單而且更自然的方法。事實上，步調中顯現的對稱模式，與振盪器對稱網路所表現的極為相似。這種網路自然而然具有各種失稱振盪的完整情節，能夠以自然的方式在這些振盪模式中轉換，因此我們根本不需要複雜的齒輪箱。

比如說，一個表現兩足動物CPG的網路，只需要兩個相同的振盪器，每一條腿對應一個。我們可以利用數學證明，如果兩個相同的振盪器耦合在一起，也就是兩者的狀態得以互相影響，那就正好會產生兩種典型的振盪模式。其中之一是「同相」（in-phase）的模式，兩個振盪器的行為完全相同；另一個則是「異相」的模式，兩個振盪器的行為雖然相同，但是前後剛好相差半個週期。

如果我們將兩足動物的雙腿分別對應一個振盪器，再用CPG產生的這些訊號來驅動控制雙腿的肌肉，得到的步調將會承繼同樣的兩種模式。

網路的同相振盪對應於雙腿同時運動，也就是動物會進行雙足式跳躍，例如袋鼠。另一方面，CPG的異相運動會產生類似人類行走的步調。這兩種步調都是兩足動物最普遍的運動模式。（兩足動物當然可以有別的運動模式，例如可以光用一隻腿跳躍。不過這樣一來，等於變成了獨腳動物。）

從四足推演到六足

四足動物又如何呢？此時最簡單的模型是四個耦合振盪器構成的系統，每個振盪器對應一條腿。

對於這樣的系統，數學能夠預測出許多種類的模式，而幾乎所有的模式都對應於既有的步調。其中最對稱的模式——蹦跳，對應於四個振盪器都同步的情況，也就是說，沒有任何對稱消失。

如果不計蹦跳的話，最對稱的步調就是跳躍、溜蹄與慢跑了。這三者皆對應於振盪器形成異相的兩對，分別是前後、左右、對角。而行走是一種8字型的模式，在數學上也能自然產生。兩種飛馳則比較微妙，旋轉式飛馳是跳躍與慢跑的組合，橫向式飛馳則是跳躍與溜蹄的組合。至於奔跑則更加玄妙，因此比較不容易了解。

這個理論立刻能推廣到昆蟲這一類的六足動物。舉例來說，蟑螂的典型步調是三足式的（事實上，大多數的昆蟲都是如此），某一側中間那條腿與另一側的前後腿同相運動，然後另外三條腿再一起運動，與前一組剛好有半個週期的差距。這是六個連成環狀的振盪器表現的自然模式之一。

失稱理論亦可解釋動物為何不需齒輪箱就能改變步調，因為在不同情況之下，同一個振盪器網路就夠表現不同的模式。步調之間可能的轉換也能藉對稱性整理出模式：動物運動得愈快，步調的對稱性就愈少（愈高的速率會打破愈多的對稱）。可是想要解釋動物為何改變步調，就需要生理學方面更詳盡的資訊。一九八一年，侯夫（D. F. Hoyt）與泰勒（R. C. Taylor）發現，在不同地形行進的馬匹，如果可以自由選擇速率的話，牠們總會選擇氧氣消耗率最小的步調。

螢火蟲同步發光

我花了許多篇幅詳細討論有關步調的數學，因為它是現代數學的一個不尋常的應用，雖然乍看之下這個領域似乎與數學毫無關聯。在本章結束之前，我還準備告訴您這個概念的另一個應用，不過在這個例子裡，生物學上的重要性在於對稱並未消失。

東南亞的某種螢火蟲能夠成群同步發光，那是自然界最壯觀的整體展現之一。一九三五年，美國生物學家史密斯（Hugh Smith）在《科學》（*Science*）期刊上發表了一篇文章〈螢火蟲的同步發光〉，在那篇文章中，他對這種現象做出令人驚嘆的描述：

> 想像一株三十五至四十英尺高的樹木……看來每片葉子都有一隻螢火蟲。所有的螢火蟲都以絕對一致的節奏發光，速率大約是兩秒鐘三次。在兩次發光之間，整株樹木一片漆黑……想像在十分之一英里長、（紅）樹林綿延不斷的河岸邊，每一片葉子上都有同步發光的螢火蟲，位於樹林兩端的螢火蟲與位於中央的行動完全一致。那麼，如果一個人的想像力足夠豐富，他就能形成有關這個奇觀的某種概念。

為什麼發光會同步化呢？

一九九〇年，米洛婁（Renato Mirollo）與史楚蓋茲（Steven Strogatz）證明了

在所有螢火蟲之間都有作用的數學模型中，同步性是個必然的規則。研究這問題的方法，也是將所有的螢火蟲模擬成互相耦合的振盪器（在此是藉著視覺訊號耦合）。螢火蟲發光的化學週期以振盪器的週期來表現，這種振盪器構成的完全對稱耦合網路，便是整群螢火蟲的模型。所謂的完全對稱耦合網路，是指每個振盪器都會以完全相同的模式影響所有其他的振盪器。

一九七五年，美國生物學家佩斯金（Charles Peskin）為這個模型引介了一個最不尋常的特徵，那就是振盪器的脈衝（pulse）耦合。也就是說，一個振盪器只有在產生光芒的一剎那，才會對其他振盪器發生影響。

這個模型在數學上的困難，在於必須將這些交互作用的糾纏全都解開，才能使它們的組合效應變得明顯。

米洛婁與史楚蓋茲證明不論初始條件如何，所有的振盪器最後都會變為同步。這個證明的根據是吸收（absorption）作用，它發生於兩個相位不同的振盪器「鎖在一起」，從此變得同相的那一瞬間。因為耦合是完全對稱的，所以一旦一組振盪器鎖在一起之後，就再也無法恢復獨立了。根據幾何與分析的證明，顯示必定會發生一系列這樣的吸收作用，最後將所有的振盪器都鎖在一起。

生物學也可以很數學

從運動模式與同步化，我們可以得到一項重要訊息，那就是自然的節奏通常都與對稱性有密切關聯，兩者產生的模式可藉失稱的一般性原理做數學分類。失稱原理無法回答自然界的每個問題，但這些原理的確提供了一個統一的架構，而且經常會引發有趣的新問題。尤其重要的是，它們同時提出並解答了一個難題：為什麼產生的是這些，而不是那些模式？

此外一個較為次要的訊息，就是數學能夠解析自然的許多層面，而通常我們根本不會想到那些問題與數學有關。這項訊息可以遠溯到一九一七年，蘇格蘭動物學家湯普生（D'Arcy Thompson, 1860-1948）所寫的一本見解獨特的經典名著《論生長與形態》（*On Growth and Form*）。在那本書中，他提出了各種各樣多少也算有道理的證據，證明數學在生物形態與行為的生成過程中扮演的角色。

如今這個時代，大多數生物學家似乎認為，只有DNA序列才是有趣的動物學課題。其實，我們現在也應該經常高聲複誦湯普生所說的訊息才是。

第八章

骰子扮演上帝嗎？

這並不怎麼像個上帝play骰子的宇宙
宇宙中似乎更像是由骰子play上帝

牛頓的知識遺產是一種機械式宇宙觀——這個宇宙於創生的一瞬間被驅動，然後一直按照規定的常軌運行，就像是一架上好滑油的機器。

這是個完全「決定性」（determinism）的圖像，機率毫無插手的餘地，未來完全由現在決定。正如一八一二年，偉大的數理天文學家拉普拉斯（Pierre-Simon de Laplace, 1749-1827）在他的《機率之解析理論》（*Analytic Theory of Probabilities*）中一番振振有辭的論述：

> 在一個特定時刻，某種智慧知道了所有推動自然的力量，以及宇宙中所有物體的相對位置。設若此一智慧足以對其資料進行分析，便能將資料凝聚成單一的運動公式，從宇宙最大的天體到最輕的原子無所不包。對於此種智慧而言，沒有任何事物不能確定，未來也有如過去一般歷歷在目。

在亞當斯（Douglas Adams）一九七九年出版的科幻小說《銀河順風旅行指南》（*The Hitchhiker's Guide to the Galaxy*）中，有一段最令人難忘的情節，同樣表現出一種未來完全可以預測的宇宙觀。

故事敘述某族外星人製造了一個超級電腦「深思」（Deep Thought），命令它算出有關「生命、宇宙與萬事萬物」這個大哉問的答案。科幻迷一定都還記得，經過了七百五十萬年之後，電腦得出的答案竟然是「四十二」。直到這個時候，聽到答案的人才恍然大悟，原來答案雖然清晰明確，但是問題本身卻曖昧不明。

同樣的道理，拉普拉斯宇宙觀的錯誤並不在於「原則上宇宙是可預測的」這個答案。這是一個正確的敘述，是牛頓運動定律的數學特色。不過，他對這個事實的詮釋卻存在著嚴重的誤解，因為他問了一個錯誤的問題。如今，數學家與物理學家已經藉著一個更為適切的問題，終於了解決定性與可預測性並不是同義詞。

機率的天下

在日常生活中，我們可以遇到無數的例子，全都顯示拉普拉斯的決定論似乎是個極不合宜的模型。我們安然無事地走下樓梯上千次，直到有一天意外扭傷了腳踝。我們興匆匆地去看網球賽，比賽卻因一場意料之外的雷雨而取消。我們將賭注下在最看好的賽馬上，牠卻被最後一道柵欄絆倒，當時牠至少領先其他馬匹六個馬身。

事實上，這並不怎麼像個上帝玩（play）骰子的宇宙（愛因斯坦拒絕相信這點是出了名的）；相反的，宇宙中似乎更像是由骰子扮演（play）上帝。

我們的世界真的具有決定性，一如拉普拉斯所聲稱的？或者它是由機率主宰，就像通常表面上看來的那樣？假如拉普拉斯的說法果真正確，為什麼我們有那麼多的經驗指出他是錯的？

最有趣的數學新領域之一「非線性動力學」（nonlinear dynamics，俗稱為混沌理論）聲稱已經得到許多答案。姑且不論是否如此，至少有件事可以確定：它已經為我們對秩序與無序、定律與機率、可預測性與隨機性等等，都創造了革命性的思考模式。

根據近代物理的理論，在最小的時空尺度下，自然界是由機率所控制的。舉個例子，一個放射性原子，比如說鈾原子，在某個特定時刻會不會衰變（decay），純粹是個機率問題。一個即將衰變與一個暫時不會衰變的鈾原子，兩者之間並沒有任何實際差別。沒有，絕對沒有。

討論這類問題的物理體系至少有兩門：量子力學（quantum mechanics）與古典力學。本章主要將討論古典力學，不過讓我們暫且先提一提量子力學體系。就是由於量子不確定性（quantum indeterminacy）這種觀點，才會引發愛因斯坦那段著名的言論：「你相信一個玩骰子的上帝，我卻相信完整的定律與秩序。」這段話出於他寫給同僚玻恩（Max Born, 1882-1970）的一封信中。

真的不可預測？

在我看來，量子不確定性的正統物理觀的確有點問題。而且顯然吾道不孤，因為有愈來愈多的物理學家，開始懷疑愛因斯坦是否始終都是對的，而傳統的量子力學的確遺漏了什麼——也許是一些「隱變數」（hidden variable），它們的值告訴原子何時應該衰變。（我要趕緊聲明，這並不是傳統的觀點。）

早年任教普林斯頓大學的波姆（David Bohm, 1917-1992），便屬於那些物理學家中最有名氣的幾位。他曾將量子力學加以改良，使它變得完全具有決定性，卻跟傳統不確定性觀點所支持的各種難解現象毫無矛盾。不過波姆的想法本身也有問題，尤其是其中一種「超距作用」（action at a distance），並不比量子不確定性更容易讓人接受。

然而，即使在最小的尺度上，量子力學的不確定性是正確的，但在巨觀的時空尺度中，宇宙卻會遵循決定性的定律。這個結果源自一種所謂「去相干性」（decoherence）的效應，它使足夠大的量子系統幾乎失去所有的不確定性，而表現得極為接近牛頓系統。所以，在與人類相關的尺度上，大多數現象都能重歸古典力學的懷抱。

馬匹、天氣與愛因斯坦著名的骰子，並不因為量子力學而變得不可預測。另一方面，即使在牛頓的模型中，這些對象同樣是不可預測。

對於馬匹而言，這種說法也許並不稀奇，因為生物自有本身的隱變數，例如牠們早上吃的是什麼草料。可是對於發展大型電腦氣象模擬，希望提前幾個月預測天氣的氣象學家而言，這絕對有如青天霹靂。對於骰子而言，這樣說也的確使人驚訝，雖然人類硬是愛用骰子當作機率的象徵。骰子是正立方體，滾動的骰子應該不比軌道上的行星更難預測，畢竟兩者都服從相同的運動定律。骰子與行星雖然具有不同的形體，但同樣是規則的，同樣能利用數學來處理。

滴水的水龍頭

想知道不可預測性如何與決定性和平共存，我們不必野心太大，不必考慮整個宇宙，只要想像一個規模小得多的系統就行了，例如正在滴水的水龍頭。

滴水的水龍頭是個決定性的系統，原則上，流進這個裝置的水流是穩定且均勻的，水滴如何從水龍頭流出，完全可由流體的運動定律描述。然而一個簡單但有效的實驗，便能顯示這個明明是決定性的系統，竟然會表現出不可預測的行為。這就可以讓我們得到一些數學的「側面思考」，足以解釋如此的矛盾為什麼可能存在。

如果我們以很慢的動作轉開水龍頭，然後等待幾秒鐘，讓水流固定下來，通常就會得到一串具有特殊形態的水滴，它們以規律的節奏滴下來，兩滴之間的時間間隔全部相等。想要找到比它更具預測性的事物，還真是一件困難的事。可是如果我們緩緩轉動水龍頭，讓水流再加大一點，就能得到一串節奏很不規律的水滴，聽來好像完全雜亂無章。

也許您需要多試幾次才能成功，記住要以平穩的方式轉動水龍頭，不可以一下轉得太多，否則自來水會成為連續的水流，而我們要的卻是不快不慢的涓滴細流。如果您能夠調得恰到好處，即使聽上好幾分鐘，也聽不出任何明顯的規律。

一九七八年，加州大學聖塔克魯茲（Santa Cruz）分校一群不服傳統的年輕研究生，組成了一個「動力系統集團」（Dynamical Systems Collective）。當他們開始研究這個水滴系統時，便了解到其實它並非真的那麼雜亂無章。他們利用麥克風記錄水滴的聲音，然後分析兩滴之間的間隔構成的時間序列，結果發現了一種短期的可預測性。比如說我們若是知道連續三個時間間隔，就有辦法預測下一滴將在何時落下。舉例而言，如果連續三個時間間隔分別為〇．六三秒、一．一七秒與〇．四四秒，那麼我們就能確定，下一滴水將在〇．八二秒之後落下（這些數值只是隨便舉的例子）。事實上，如果知道最初三個時間間隔的「確切」數值，我們便能預測這個系統未來的一切行為。

蝴蝶效應

這麼說來，拉普拉斯又有什麼錯呢？

關鍵在於我們永遠無法將一個系統的初始狀態測量得完全正確。直到今天為止，對於任何物理系統所做的最精確測量，也只有十到十二位的準確數字。但除非我們可以做到無限精確的測量，得到無窮位數的測量值，拉普拉斯的說法才能成立。

這當然是絕對辦不到的事。在拉普拉斯的時代，科學家已經知道測量誤差這個問題，可是他們一致假設，如果初始測量能有（比方說）十位精確數字，那麼根據這個測量所做的預測，也一律都有十位精確數字。誤差雖然不會消失，卻也不會增長。

不幸的是，誤差的確會增長，這使我們無法將一連串短期預測連貫成一個有效的長期預測。舉例來說，如果我們知道最初的三個時間間隔，每個間隔都有十位的精確值，那我們就能預測下個水滴落下的時間，不過這次精確值卻只有九個位數，再下一滴就只剩下八位精確值，其他依此類推。在每個步驟中，誤差都會增長大約十倍，所以我們每次的信心都會減少一個位數。因此，在預測到第十滴的時候，我們對它落下的時間就完全沒有概念了。（當然，正確的數目也許不是這樣，可能需要六滴才會失去一位精確度，不過即使如此，同樣的問題仍會在六十滴後發生。）

這種誤差放大的現象，正是使拉普拉斯的完美決定論垮台的邏輯漏洞。任何不完美的測量都無法支持他的結論。假如我們能測量出一百位的精確數值，我們的預測在第一百滴的時候就會全軍覆沒（或是第六百滴——如果用較為樂觀的估計）。這個現象稱為「對初始條件的敏感」，非正式的說法是「蝴蝶效應」（butterfly effect，一隻位於東京的蝴蝶拍一下翅膀，或許就會造成一個月之後佛羅里達的一場颶風），它與系統行為的高度不規律有密切關係。

根據定義，任何真正規律的事物都是絕對可預測的，但由於系統對初始條件敏感，使得其中的行為變得不可預測，所以就不規律了。因此，一個對初始條件表現得敏感的系統，便被稱為是「混沌的」。混沌行為遵循決定性定律，但是它顯得太不規律了，因此在普通人眼中看來十分雜亂。

事實上，混沌不只是複雜而且毫無模式可捉摸的行為，它更加微妙得多。它是一種表面上複雜、表面上毫無確切模式的行為，實際上卻有一個簡單而決定性的解釋。

一百萬隻豬與松露

混沌的發現是許多人的功勞，多得簡直不及備載。混沌理論的興起是三種獨立的發展聯手的結果。第一是科學焦點的改變，從簡單的模式（例如重複的循環）轉移到更複雜的行為上。第二是電腦的出現，使得尋找動力方程式的近似解變得更容易、更迅速。第三是動力學出現的一種嶄新數學觀：以幾何觀點取代傳統的數值觀點。

第一個發展提供動機，第二個發展提供技術，第三個發展則提供洞察。

動力學的幾何化大約在一百年前開始，肇始於法國數學家龐加萊（Henri Poincaré, 1854-1912）發明「相空間」（phase space）的概念。龐加萊要算是有史以來最離經叛道的數學家，但是他實在太有才氣，因此他的觀點幾乎一夕之間成了正統。

相空間是想像的數學空間，可以表現出動力系統所有可能的運動。舉個非力學的例子，讓我們考慮一個由捕食者／食物所構成的生態系統，這是群體動力學（population dynamics）的典型題目。在此捕食者是豬，食物則是具有特殊刺激性的草類——松露（truffle）。我們所關心的兩個變數是這兩個群體的大小：豬的數目（以某個龐大數值做為單位，例如一百萬隻）與松露的數目（同上）。這個選擇等於是將這兩個變數連續化了；也就是說，使它們變成具有小數的實數，而不再是整數的數值。比方說，如果豬的單位是一百萬，那麼一七四三九隻豬就對應於○．○一七四三九。

松露的自然生長率取決於松露本身的數量，以及豬所造成的消耗率；豬草的生長率則決定於豬本身的數量，以及有多少松露可吃。因此兩個變數的變化率同時由兩者決定，這個觀察可以寫成群體動力學中的微分方程組。我不準備將這些方程式寫出來，因為它們並不重要，重要的是我們要拿它們做什麼。

原則上，這些方程式能決定任何一組初始群體值如何隨時間變化。例如，若我們原本有一七四三九隻豬，以及七八八四四四株松露，那麼我們就將〇・〇一七四三九代入豬的變數，而將〇・七八八四四四代入松露的變數。理論上，微分方程組能告訴我們這兩個變數如何變化，困難的是如何將理論化為實際，也就是將方程組解出來。

可是要怎麼解呢？古典數學家的自然反射動作就是尋找一個數學式，以便確定豬群與松露群在任何時刻的確切數目。不幸的是，這種「顯解」（**explicit solution**）太過稀罕，除非方程組具有非常特殊而局限的形式，否則根本不值得花費力氣尋找。另一個辦法是利用電腦找出近似解，可是這樣只能告訴我們這組特殊的初始值會發生什麼變化，但在大多數的情況下，我們想知道的卻是許多不同的初始值如何演變。

畫成圖形看一看

龐加萊的想法則是畫一個圖形，以便顯示「所有」初始值的變化方式。這個系統的狀態，亦即兩個群體在某一時刻的大小，可以利用座標的老把戲，表現為平面上的一個點。舉例來說，我們可用橫軸來表示豬群的數目，用縱軸來表示松露的數目。上述的初始狀態就對應於橫座標〇．〇一七四三九、縱座標〇．七八八四四四的那個點。

現在我們讓時間開始流動，兩個座標值便會根據微分方程組的規則隨時間變化，因此對應的座標點就會運動。那個運動的點會在平面上畫出一條曲線，那條曲線就是整個系統未來行為的視覺表現。事實上，光是注視這條曲線，我們便能「看」出動力系統的重要特徵，而不必擔心實際的座標值為何。

比方說，如果這個曲線圍成一個迴圈，那麼兩個群體就會形成一個週期循環，會一而再、再而三地重複同樣的數值，就像在賽車跑道上奔馳的跑車，每繞一圈就會回到原點一次。如果曲線漸漸趨向一個特定的點，最後停在那裡不再移動，就代表兩個群體達到一個穩態，兩者的數目從此不再改變，就像汽車用光燃料一樣。

幸運的是，週期解與穩態解都具有生態學上的重大意義。尤其重要的是，兩者都對群體的數目定出了上、下限。因此，我們眼睛最容易辨識的特徵剛好就是真正重要的。此外利用這種方法，我們還能忽略許多無關緊要的細節。例如我們不必求出曲線的確實形狀（代表兩個群體週期的「波形」組合），就能看出它是一個封閉迴圈。

如果我們試用另一組初始值又會如何呢？我們可能得到另一條曲線。每一對初始值都有可能定義一條新的曲線，只要能夠畫出一組完整的曲線，我們便能掌握這個系統所有可能的行為。這組曲線就像一個抽象數學流體的流線，在平面中不停地繞圈圈。我們將這個平面稱為系統的「相空間」，那組繞圈的曲線就是該系統的「相圖」。

將注意力轉移到相圖

我們不再使用植基於符號觀念的微分方程式，不需要再考慮各種不同的初始值。反之，我們改用座標點流過「豬／松露相空間」這種幾何的、視覺的體系。

這個相空間與普通平面的差別，僅在於上面的點大都是潛在的，而非真實的。它們的座標對應了豬與松露的數目，這些數目可能在適當的初始條件下出現，但不一定會出現在每個例子中。所以我們除了要將心態從符號轉移到幾何，也要將哲學態度從實際轉移到潛在的事物。

同樣的幾何圖像可適用於任何動力系統。每個系統都對應一個相空間，其中的座標值就代表所有的變數；而系統的演化則對應一個相圖，也就是一組代表各種可能行為的曲線，它們的形狀由微分方程式決定。

這種想法帶來了重大的進展，因為我們可以不再操心方程式解的數值細節，而可以將注意力轉移到相圖的廣闊範圍上。這樣一來，就能讓人類最偉大的本錢——驚人的圖像處理能力派上用場。

如今，科學界已經廣泛應用相空間的圖像，來表現各種潛在的可能行為；而我們真正觀察到的行為，則是大自然從中所揀選的一個。

龐加萊的偉大發明所帶來的重要結果，是藉著所謂「吸（引）子」（attractor）的幾何圖形，將動力學視覺化。如果我們觀察一個動力系統中某個初始點的長期行為，通常會發現它最後都繞著相空間某個明確的圖形打轉。比如說，它所畫出的曲線可能向內盤旋，最後變成一個封閉迴圈，從此永遠繞著這個迴圈旋轉。此外，不同的初始條件有可能導致相同的最終圖形，假如是這樣，這個圖形就稱為吸引子。一個系統的長期動力學行為，就是由它的吸引子所主宰，吸引子的形狀決定了會發生什麼樣的結果。

舉例而言，一個最後趨於穩態的系統，它的吸引子只是一個點；一個最後表現出週期行為的系統，它的吸引子則是一個封閉迴圈。這也就是說，封閉迴圈式吸引子對應於振盪器。我在第五章曾經描述過小提琴弦的振動，琴弦所進行的一系列運動，最後會將它拉回出發的位置，以便重複另一個相同的系列運動，如此周而復始。我並沒有說小提琴弦沿著一條實際的迴圈前進，但我的敘述等於是一條譬喻性的封閉迴圈，這種運動會在相空間的動力園地中不停打轉。

混沌不是科學？

混沌本身擁有相當怪異的幾何，它所對應的圖形是一種碎形，所謂的「奇異吸（引）子」（strange attractor）。由於蝴蝶效應，奇異吸引子上的運動細節無法預先確定，可是這並不能改變它是吸引子的事實。

讓我們想像一個例子：在狂風暴雨的海洋中丟出一顆乒乓球，不論我們是從空中丟下，或是從海底將它釋放，它都會朝海面運動。乒乓球一旦到達海面之後，就會在洶湧的波濤中沿著一條非常複雜的路徑前進，但是不論那條路徑多麼複雜，乒乓球卻一直留在海面上，或至少非常接近海面。在這個比喻中，海面就是一個吸引子。所以即使是混沌現象，不論初始點如何選取，系統最後仍將非常接近它的吸引子。

混沌已經是一個完善的數學現象，但我們要如何在真實世界裡偵測它呢？我們必須進行實驗，而這裡就有一個問題。在科學中，實驗的傳統角色是測試理論所預測的結果，可是如果有蝴蝶效應運作的話（在任何混沌系統中都有），我們怎能期望會測試到什麼預測的結果？難道混沌天生就是不可測試的，因此是不科學的嗎？

答案是絕無此事，因為「預測」這個字眼有兩個意義。其中之一是「預言未來」，而在混沌產生的時候，蝴蝶效應便阻止了這個企圖。然而，它的另一個意義是「預先描述一個實驗會有什麼結果」。

讓我們想像將一枚硬幣丟一百次，為了預測會發生什麼事（像算命先生那樣預測），我們必須事先列出每次丟擲的結果。不過我們也可以做個科學性的預測，例如「大約有一半的硬幣會正面朝上」，而不必巨細靡遺地預測未來。

所以說，即使系統是隨機的，就像上述的例子，我們仍能做出那樣的預測。你可以拿統計學來比擬，統計學處理的都是不可預測的事件，但沒有人因而說統計學不是科學，所以我們對混沌也應做如是觀。

簡單的因，複雜的果

我們可以對一個混沌系統做出各種預測，事實上，我們可以做出足夠多的預測，以便分辨決定性的混沌與真正的隨機過程。

吸引子的形狀是我們常常可以預測的一點，它不會因為蝴蝶效應而改變。蝴蝶效應所能產生的影響，只不過是使系統沿著吸引子上不同的路徑前進而已。藉由實驗的觀測，我們通常就能推論出吸引子的大致形狀。

混沌的發現顯示我們對因與果的關係（也就是法則與其產生的行為），存在了基本的誤解。我們以前總是認為決定性的「因」必定產生規律性的「果」，現在卻發現「果」也可以高度不規律，因而很容易被誤認為隨機的現象。過去我們也總是以為簡單的「因」必定產生簡單的「果」（這隱含了複雜的「果」必定具有複雜的「因」），可是我們現在知道，簡單的「因」也能產生複雜的「果」，並了解到掌握法則並不等於能夠預測未來的行為。

這個因與果的差異是如何產生的？為什麼同樣的法則有時會產生明顯的模式，有時卻會產生混沌？答案可以在每一間廚房找到，只需要利用一種很簡單的機械裝置——打蛋機。

打蛋機具有兩個攪拌器，它們的運動是簡單而可預測的，正如拉普拉斯期望的那樣：每個攪拌器都穩定地旋轉。然而，碗中糖與蛋白的運動卻複雜得多，這兩種成分會漸漸混合，這正是打蛋機的任務。可是兩個攪拌器卻不會糾纏在一起；我們在打完蛋之後，不必費力將兩者解開。

至於糖與蛋白的運動與攪拌器為何那麼不同？其實，「混合」這種過程比我們想像中還要複雜得多、動態得多。您不妨想想，怎麼去預測某顆特定的糖粒最後會跑到哪裡？

當混合液通過一對攪拌器的時候，會給拉開，分向左右兩側；原本非常接近的兩顆糖粒立刻分道揚鑣，沿著不同的路徑前進。事實上，這就是蝴蝶效應——

初始條件的微小改變造成了重大的結果。因此混合是一種混沌過程。

反過來說，每個混沌過程都對應到龐加萊抽象相空間中的一種數學上的混合。這就是為什麼潮汐可以預測，但是天氣卻不能預測的緣由。潮汐與氣象牽涉到的數學是相同的，可是潮汐的動力學不會將相空間中的流動混合起來，然而天氣卻會。

因此，差別在於如何做，而非做些什麼。

混沌向我們展示新定律

我們對這個世界如何運作的安逸假設，已經被混沌一舉推翻。混沌告訴我們，宇宙比我們想像中的還要奇怪許多；混沌還為不少傳統科學方法帶來問號，因為僅僅知道自然律已經不夠。

另一方面，混沌也告訴我們，某些我們原本以為雜亂而隨機的事物，其實有可能是簡單定律的結果；自然界的混沌其實仍受到自然法則的約束。在過去，科學總是不願理睬看來雜亂無章的事件或現象，理由是它們既然沒有明顯的模式，就不可能被簡單的定律主宰。但這是不正確的！許多簡單的定律就擺在我們眼前，例如控制流行病、心臟病、蝗蟲災害的定律。若是我們能夠了解這些定律，也許就能預防它們將導致的不幸。

混沌已經向我們顯示新的定律，甚至新形式的定律；它擁有自家的嶄新普適性模式。最早被發現的混沌模式之一，就藏在滴水的水龍頭中。我在前面提過，水龍頭滴水可以有節奏，也可以是混沌的，端視水流的速率而定。事實上，以規律節奏滴水的水龍頭與「隨機」的水龍頭，兩者所用到的數學描述相同，不同的僅是一點版本上的差別。可是當自來水的流速增加時，動力結構的種類便會改變；相空間中代表動力結構的吸引子也不停變化，而且是以一種可預測、但極為複雜的形式發生變化。

讓我們從一個規律滴水的水龍頭開始，它的節奏是重複的「滴——滴——滴——滴」，每一滴都跟前面的完全一樣。然後我們將水龍頭轉開一點，水滴就會落得比較快，而節奏也變成了「滴——答——滴——答」，每兩滴才重複一次。前後兩滴不只是大小不同（因而造成了聲響的差異），就連時間間隔也有些微的變化。

如果我們讓自來水流得稍微再快一點，就會得到四滴的節奏：「滴——答——滴——答」。再快一點的話，則會產生八滴的節奏：「滴——答——滴——答——

滴——答——滴——答」。也就是說，不同形式的水滴數目一直加倍。

在數學模型中，這個過程會無限延續下去，節奏的「週期」會再變成十六滴、三十二滴、六十四滴等等。不過，想要產生週期加倍的現象，每次需要增加的水流速率卻愈來愈小。而在某一個流速下，週期加倍的發生率會變成無限大。這個時候，每一滴水都不會出現重複的模式，這就是混沌現象。

我們可以用龐加萊的幾何語言表達這個過程。這個水龍頭的吸引子最初是一個封閉迴圈，可代表週期循環。讓我們將這個迴圈想像成繞在手腕上的一圈橡皮筋。當自來水流速增加時，原來的迴圈分裂成互相接近的兩個，好像手腕上的橡皮筋繞成了兩圈，此時橡皮筋變成原來的兩倍長，這就是週期加倍的原因。然後這個已經一分為二的迴圈，又以完全相同的方式再度分裂，形成了四倍週期的循環，其他依此類推。在無窮多次的加倍後，我們手腕上的橡皮筋變成了一團義大利麵，這就是一個混沌吸引子。

費根鮑姆數

這種產生混沌的情節，稱為「週期倍增級聯」（period-doubling cascade）。

一九七五年，物理學家費根鮑姆（Mitchell Feigenbaum）發現了一個可藉實驗測量的特殊數字，它與每種週期倍增級聯都有關係。這個數字的值大約是四．六六九，它的地位與π平起平坐，兩者在數學以及數學與自然的關係中，似乎都有非比尋常的重大意義。

費根鮑姆數也有一個符號，通常記為希臘字母δ。π告訴我們圓周與直徑的關係，費根鮑姆數δ則告訴我們水滴的週期與自來水流速的關係。以明確的方式敘述，就是每當週期加倍時，水龍頭角度的增加量每次大約遞減四．六六九倍（譯注：例如這次轉動四．六六九度才造成週期加倍，下次只要轉動一度即可）。

任何與圓有關的事物，都擁有π這個定量的印記；同理，費根鮑姆數δ則是任何週期倍增級聯的定量印記（不論它如何產生，也不論是以何種實驗實現）。同樣這個數字，也出現在有關液態氦、水、電子電路、擺、磁體與列車車輪振動的實驗中。它是自然界一個新的普遍模式，我們唯有藉著混沌之眼才能得見；它是從定性現象中誕生的定量模式，是一個真正「自然界的數」。

費根鮑姆數開啟了一扇門，門後是個嶄新的數學世界，我們對這個新世界的探索才剛剛展開。

費根鮑姆所發現的確切模式，以及其他相似的模式，其實只不過是細枝末節。基本的關鍵在於，即使自然律的結果似乎毫無模式可尋，自然律卻依舊存在，因此模式也必定同樣存在。混沌並非雜亂的隨機現象，它是源自明確的規則、表面上卻雜亂隨機的行為。換句話說，混沌是經過偽裝的秩序。

混沌的特殊貢獻

科學的傳統是重視秩序，可是我們已經開始了解，混沌可以為科學做出特殊的貢獻。比如說，混沌能使系統對外界的刺激更容易迅速回應。

讓我們想一想網球選手等待接球時的情形，他們站著不動嗎？他們從一側規律地走到另一側嗎？當然不是這樣。他們雙腳輪流跳動不定，一方面是為了試圖擾亂對手，另一方面也是準備對發來的球做出各種回應。為了能很快地向任何方向運動，他們預先向許多不同的方向迅速挪移。

與非混沌系統比較起來，混沌系統可以對外界事物做出更快的反應，而且花費的力氣更小，這對工程上的控制問題很重要。舉個例子，我們知道某些種類的湍流源自混沌現象，因此湍流看起來才會那麼紊亂。如果我們想讓氣流流過飛機表面時產生的湍流減少，以使空氣阻力相對降低，我們只要設計出可以做出極快回應的控制機制，以便消除任何初生的小區域湍流就行了。這個方法已經證明是可行的。

還有，生物也必須表現出混沌的行為，才能對多變的環境做出迅速的回應。一群數學家與物理學家，包括狄透（Wiliam Ditto）、賈芬卡（Alan Garfinkel）與約克（Jim Yorke），已經將這個想法轉變成極為有用的實用性技術。他們把這種技術稱為「混沌控制」，基本觀念是讓蝴蝶效應為我們服務。

初始條件的微小變化對往後行為造成的巨大改變，事實上也可以是一項貢獻，我們唯一要做的，只是確保能得到所想要的巨大改變。我們對於混沌動力系統的了解，已經能讓我們設計出符合這個要求的控制方法，而且已獲致一些成果。

舉個例子，人造衛星使用一種稱為聯胺（hydrazine）的燃料做航道修正。混沌控制最早期的成功案例之一，就是利用一枚已失效的人造衛星上殘餘的聯胺，將它推離原先的軌道，再送它去迎向一顆週期彗星。在美國國家航空暨太空總署（NASA）的遙控下，這枚衛星先繞月飛行五次，每次使用微量的聯胺將它稍微推開一點。這個計畫成功地利用了三體問題（在此為地球／月球／衛星）中產生的混沌現象與伴隨的蝴蝶效應。

同樣的數學概念，也可用在控制湍流中的磁性長條薄片——這是控制湍流流過潛水艇或飛機的原型實驗（譯注：控制機制為外加的振盪磁場）。混沌控制也導致了智慧型心律調節器的發明，它能使不規律的心跳恢復規律節奏。最近，混沌控制又被用來在腦部組織中製造或防止節奏性的電性活動，為預防癲癇症帶來無窮的希望。

最終未解的難題

混沌是一門蓬勃發展的學問，每週都會出現新局面：混沌數學結構的新發現、藉由混沌了解自然界的新方法，或是運用混沌的新科技。這些新科技包括日本發明的混沌洗碗機，它使用兩個混沌式轉動的洗碗臂，能以較少的能量將碗盤洗淨；此外還有英國發明的一種機械，它是利用「混沌理論資料分析」，來改善彈簧製程的品質管制。

然而，前面還有很長的路要走。也許混沌中最終未解的問題，就是由幸運女神主宰的神奇量子世界。

在量子世界裡，放射性原子總是「隨機」衰變，它們的規律只是統計性的。大量的放射性原子具有明確的半衰期（half-life，亦稱「半生期」），在這段時間中會有一半的原子衰變，可是我們無法預測究竟是哪一半。前面提到愛因斯坦對量子力學採取反對態度，主要就是針對這個問題。在不會立即衰變與即將衰變的兩個放射性原子之間，難道真的沒有任何差異嗎？果真如此，原子又怎麼知道該如何做呢？

量子力學表面的隨機性會不會只是假象？它其實是個決定性的混沌現象？且讓我們將原子想像成一種振動中的液滴。放射性原子的振動是強而有力的，因而常常會有一小滴脫離整體——也就是衰變。由於振動太過迅速了，我們無法測量其中的細節，只能測量一些平均量，例如能階。

現在，古典力學告訴我們，真實的液滴可以進行混沌式振動。當它進行混沌式振動的時候，它的運動是決定性的，卻是不可預測的。偶爾，許多振動會「隨機」合力甩掉一滴小水珠，但是蝴蝶效應使我們無法預言液滴何時會分裂。可是，這種事件卻還有許多確切的統計特徵，例如定義明確的半衰期。

等待大突破

放射性原子表面上的隨機衰變，會不會是微觀尺度中的類似行為呢？那些統計上的規律究竟是怎麼來的？它們是不是深層決定性的蛛絲馬跡呢？統計上的規律還能有什麼其他來源嗎？

不幸的是，這些誘人的想法至今無人能付諸實現。不過，它卻與時下流行的超弦（superstring）理論在精神上有相通之處。在超弦理論中，次原子粒子都被視為受激而振動的多維迴圈。兩者主要的相似特色是，振動的迴圈與振動的液滴都能在物理圖像中引介新的隱變數；而最大的不同，則在於兩者處理量子不確定性的方式。

超弦理論與傳統的量子力學一樣，將這種不確定性視為真正隨機的。然而，在像液滴這樣的系統中，表面的不確定性其實源自一種決定性的、卻是混沌的動力過程。想要解決這個問題，訣竅在於發明某種結構（假如我們知道該怎麼做的話），它可以保留超弦理論的成功特質，又能讓某些隱變數表現出混沌現象。

這會是個很吸引人的方法，不但能將決定性賦予上帝的骰子，也能讓愛因斯坦在天之靈得以安息。

第九章

液滴、狐與兔、花瓣

如果您是數學福爾摩斯
它就是個絕對無法抗拒的遊戲

混沌使我們了解，遵循簡單規則的系統可以表現出驚人的複雜行為，這對每個人都是很重要的教訓，包括那些以為嚴謹管束的公司就能自動平穩營運的經理階層；自以為針對問題立法，便能消滅問題的政治人物；以為替某個系統找出模型，就等於完工的科學家。

但這個世界也不可能完全混沌一片，否則我們根本無法生存。事實上，混沌現象遲至今日才被發現的原因之一，就是我們這個世界在許多方面仍舊相當單純。當我們向深層探索時，這種單純性通常就會消失，可是在事物的表面它依然存在。

我們用來描述這個世界的語言，即奠基在這些單純性之上。例如，「狐狸追逐兔子」這個敘述之所以有意義，只是因為它掌握了動物互動的一般模式。狐狸的確會追逐兔子，這也就是說，當一隻餓狐狸看到兔子時，牠就很有可能窮追不捨。

寧靜革命已接近沸點

然而，我們若是開始注意細節，單純性很快就會消失，一切都會變得複雜無比。比如說，為了進行「窮追不捨」這簡單的行動，狐狸必須先能認出兔子，然後還得做好拔腿飛奔的準備。想要了解這些行動，我們必須先了解視覺、模式辨識（pattern recognition）與運動。

在第七章中，我們探討了第三點：運動，發現它牽涉到生理學與神經學的複雜現象，包括骨骼、肌肉、神經與腦部。而肌肉的行動又由細胞生物學與化學決定；化學則由量子力學主宰；至於量子力學，又可能受制於千呼萬喚始出來的萬有理論（Theory of Everything）。在萬有理論之中，所有的物理定律都統一於整體架構之下。

如果我們暫且忽略運動，改為研究視覺或模式辨識所開拓的領域，我們仍將發現同樣不斷開枝散葉的複雜性。

由於只有我們的出發點具有單純性，所以，若非大自然的確利用了複雜無比的因果網絡，就是自然界的機制與大部分複雜性無關。看來，想要一探究竟似乎毫無希望。

直到最近為止，科學研究的自然途徑都是順著複雜性這棵大樹，不斷向下挖掘。這就是寇恩與我所謂的「化約論者（reductionist）的噩夢」。沿著這條傳統路徑，我們學到很多關於大自然的知識，尤其是如何操控大自然為我們服務的知識。但是我們再也無法見到巨大的單純性，因為我們不能再將它們視為單純的現象。近年來，有人提出一個根本不同的途徑，統稱為「複雜理論」（complexity theory）。它的中心課題，是眾多成分之間的複雜交互作用所產生的大尺度單純性。

在本書這最後一章，我準備介紹三個複雜性產生單純性的例子。它們並非取材自複雜理論學家的著作，而是我從當代應用數學的主流「動力系統理論」所選出來的。我這樣做有兩個原因：一來是想證明複雜理論的中心思想已出現在所有科學中，與任何刻意提倡它的行動無關；一場寧靜革命已經接近沸點，其實我們都能看得出來，因為不少氣泡都開始冒出了水面。

另一個原因是，它們各自解決了自然界數學模式的一個歷史大謎，讓我們因此眼界大開；如果不是藉著這些問題，我們根本無法體會自然界的這些特色。這三個題目分別是：液滴的形狀、動物群體的動態行為，以及花瓣數目的奇異數字模式（我在第一章曾提到會在這裡揭曉謎底）。

您真的知道水滴的形狀？

首先，讓我們再回到水滴從水龍頭緩緩滴下的問題。

這是個天天可見的簡單現象，但它已為我們提供了混沌的知識。現在，我們還要藉它來了解複雜性的一些面貌。這一回，我們注意的焦點不再是水滴的時間間隔，而是準備研究當水滴脫離水龍頭時，它的形狀究竟是什麼樣子。

這難道不是很明顯嗎？它一定是個眾所周知的「淚珠」狀，有點像隻蝌蚪，前頭是圓形，漸漸彎成尖尖的尾巴。畢竟淚珠就是這種形狀。

但它並不明顯，事實上，它根本不正確。

當我首次聽到這問題的時候，我主要的驚訝來自這個答案並沒有太長的歷史。有關流體的科學研究簡直汗牛充棟，說它們占據圖書館中數英里的書架絕不誇張，當然其中應該已有人費心觀察過水滴的形狀。然而，早期文獻中只有一張圖畫正確，那是在超過一個世紀之前，由物理學家瑞利男爵（John William Strutt, Lord Rayleigh, 1842-1919）所繪製的。由於那張圖畫太小了，所以幾乎沒有人注意到。一九九〇年，英國布里斯陀大學（Bristol University）的數學家佩里格萊恩（Howell Peregrine）等人將這個過程拍攝下來，發現它比任何人想像中的還要複雜得多，但是也有趣得多。

一滴水滴形成之初，是懸掛在水龍頭尾端水面的一個鼓脹部分。它會慢慢形成一個腰身，這個腰身愈變愈細，下端的水滴則漸趨傳統的淚珠狀。在一般人的想像中，這個腰身會被掐斷，形成一個又短又尖的尾巴。可是事實上，腰身卻會愈拉愈長，變成一根細長的圓柱，下端則懸掛著一個幾乎接近球形的水滴。接下來，圓柱與球形接觸的部位開始變得更細，最後成為一個尖點。在這個階段中，整體的形狀看來像是一支毛線針按在一個橘子上。「橘子」隨後便從針尖處脫離，然後它一面墜落，一面還在進行輕微的脈動。

不過故事並沒有結束。現在，毛線針尖銳的尾部開始變圓，還會有微小的波動向上傳到它的頂端，使它看起來好像一串愈上面愈小的珍珠。最後，這根圓柱的頂端收縮成一個尖點，然後整根圓柱也掉了下來。在墜落的過程中，它的頂端變成了球形，並有了一系列複雜的波動沿著它上下傳遞。

我希望各位讀者也像我一樣感到驚奇，我從沒有想到墜落的水滴會這麼「忙碌」。

這些觀察解釋了為何過去沒有人研究這問題的數學細節，因為它實在太過複雜了。當水滴脫離時，系統會產生一個奇異點（singularity），該處的數學將變得十分棘手。毛線針的針尖就是這個系統的奇異點。可是為什麼會有一個奇異點

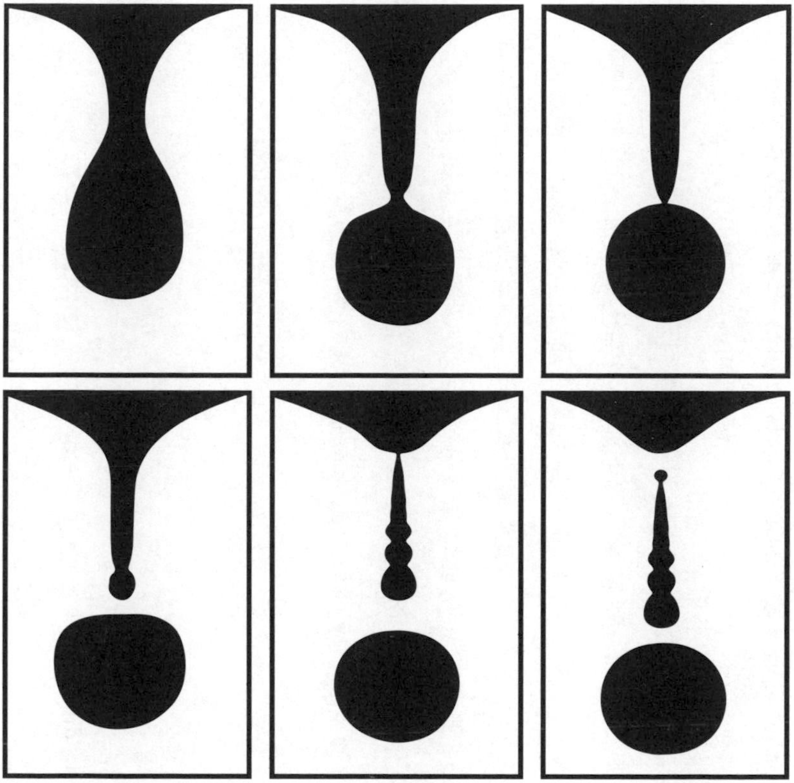

水滴脫離前後的形狀變化。

呢？為什麼水滴要以這麼複雜的方式脫離呢？

一九九四年，艾格斯（J. Eggers）與杜邦（T. F. Dupont）證明這是流體力學方程式的必然結果。他們利用電腦模擬這些方程式的演化，在電腦中重現了佩里格萊恩發現的情節。

一根懸著一根……

這實在是個精采的研究成果，可是就某個角度而言，它並未對我的問題提供一個完整的答案。知道流體力學方程式能夠預測正確的情節，的確可以使人安心，卻不能幫助我了解它為何發生。在計算出數值解與真正領悟答案之間，依然存有一道鴻溝；前者就像外星人發現答案是「四十二」一樣。

美國芝加哥大學的石向東（譯注：華裔）、布瑞那（Michael Brenner）與納格（Sidney Nagel）所進行的研究，為液滴脫離機制提供了更深入的洞察。這個故事的主角已經在佩里格萊恩的研究中出現，它是流體力學方程式的一種特殊解，所謂的「相似解」（similarity solution）。

相似解具有某種對稱性，它在經過很短的一段時間後，會在更小的尺度上重複本身的結構，因此是數學能夠處理的問題。石向東小組將這個觀念再向前推，進而研究液體的黏度（viscosity）如何影響液滴的形狀。為了得到不同的黏度，他們利用水與甘油（glycerol）的混合液做實驗。此外他們也利用電腦進行模擬，並藉著相似解建立理論方法。

他們發現的結果如下：對於黏度較大的流體，在奇異點形成、液滴脫離之前，會有第二根圓柱出現，就像是一個橘子掛在一根細繩上，細繩再掛在毛線針上。黏度如果再增加，還會出現第三根圓柱，就像是橘子掛在一根棉線上，棉線掛在細繩上，細繩再掛在毛線針上。若是黏度繼續升高，則會有愈來愈多、愈來愈細的圓柱形成，數目並沒有上限——至少，如果我們忽略了原子結構加諸其上的限制。

真是不可思議！

碰運氣的電腦遊戲

我接著要談的第二個例子是關於群體動力學。這個名詞反映了數學模擬的一個悠久傳統：以微分方程式表現數種互動群體的數量變化。我的「豬／松露」系統就是一個例子，不過這類模型缺乏生物學上的真實性，但並非只是因為我選擇的生物不當。在真實世界中，主宰群體數量的機制不是類似「牛頓運動定律」的「群體定律」，各種其他因素都會產生影響。例如隨機的因素（豬是否能挖掘到松露，還是松露被岩石擋住了），或是方程式並未包含的變異性（variability），例如某些豬隻比其他的更容易生產小豬。

一九九四年，英國沃里克大學（Warwick University）的麥克格雷（Jacquie McGlade）、蘭德（David Rand）與威爾森（Howard Wilson）進行了一項很吸引人的研究，意圖探討生物學上更真實的模型與傳統方程式之間的關係。他們遵循複雜理論中一個普遍的策略：建立一個電腦模擬系統，其中數量龐大的「因數」根據生物學上合理的（雖然簡化許多的）規則而互動，然後試著從模擬結果中汲取大尺度的模式。

在這個例子中，模擬是藉著「格狀自動機」（cellular automaton）來進行的，我們可以把它想成一個數學電腦遊戲。麥克格雷、蘭德與威爾森不像我這麼偏愛豬隻，研究的對象是較為傳統的狐狸與兔子。他們將電腦螢幕分割成許多小方格，每個小方格指定一種顏色，比如說，紅色代表一隻狐狸，灰色代表一隻兔子，綠色代表一塊草地，黑色代表光禿禿的岩石。然後他們設定一組規則，用來模擬生物學上主要的影響。以下是這組規則一些可能的例子：

- 假如一隻兔子鄰近一塊草地，牠就會移到那塊草地的位置，並且把草吃光。
- 假如一隻狐狸鄰近一隻兔子，狐狸就會移到那隻兔子的位置，並且把兔子吃掉。
- 在每個步驟中，兔子都會根據某些選定的機率生育小兔子。
- 在幾個步驟內，假如某隻狐狸一直沒有進食，那麼牠就會餓死。

麥克格雷小組所用的規則比這些複雜得多，不過至少您已經有了概念。在每個模擬步驟中，他們都將兔子、狐狸、草地、岩石的現有組態當作初始條件，再利用各種規則產生下一個組態；過程中若是需要隨機選擇，就以投擲電腦「骰子」來做決定。

麥克格雷小組讓這個過程連續進行好幾千次，電腦螢幕就呈現出一個「人工生態」。這個人工生態頗類似動力系統，因為它一直重複應用一組規則；但是它也包含了隨機效應，所以這個模型屬於一個完全不同的數學範疇：隨機格狀自動機，也就是要碰運氣的電腦遊戲。

正由於這個生態是人工的，因此我們得以進行一些實際上不可能或太昂貴的實驗，比方說，我們可以觀察一個特定區域的兔群數量如何隨時間變化，並且得到確切的數據；而這正是麥克格雷小組做出戲劇性發現的地方。他們了解，如果觀察一個太小的區域，所看到的結果幾乎都會是隨機的，例如一個小方格所發生的變化，看起來就極端複雜。反之，如果觀察的是一塊太大的區域，所看到的就只是群體的統計平均值。

然而在中等尺度上，則有可能看到不那麼單調的結果。因此他們發展出一套技術，可用來找出能夠提供最大有效資訊的區域大小；然後再集中觀察這種大小的區域，並將兔群的變化記錄下來。他們又利用混沌理論發展出來的方法，研判一連串數據究竟是決定性的，抑或是隨機的；而如果是決定性的，它的吸引子看來又是什麼樣子。

這似乎是個很奇怪的做法，因為我們知道模擬規則包含了大量的隨機性，不過他們還是這麼做了。

麥克格雷小組發現的結果極為驚人：在這個中等尺度區域內的兔群動態，幾乎可用一個四維相空間中混沌吸引子上的決定性運動來解釋，精確度高達百分之九十四左右。簡單地說，一個具有四個變數的微分方程式，就能掌握兔群動態的重要特徵，誤差僅有大約百分之六（雖然這個電腦模擬系統的複雜性要高得多）。這個發現意味著，具有少量變數的模型，或許比很多生物學家想像中的更接近「真實」。它更深的含義則是，在複雜生態模擬的精細結構中，可以顯現出簡單的大尺度特徵。

花瓣知多少

源自複雜性而非「內建」於規則中的自然規律，我準備舉的第三個、也是最後一個例子，是有關花瓣數目的數學規律。

我在第一章曾經提到，大多數植物的花瓣數目都屬於下列這個級數：三、五、八、十三、二十一、三十四、五十五、八十九。傳統生物學家對於這個現象的見解，是認為花的基因儲存了所有的訊息，而這就足以解釋一切。然而，縱使生物體具有複雜的DNA序列，可以決定它們由何種蛋白質構成等等，並不代表基因就能決定一切；即使的確如此，也可能只是基因間接造成的。比如說，基因告訴植物如何製造葉綠素（chlorophyll），卻沒有說葉綠素應該是什麼顏色。不過既然是葉綠素，那就一定是綠的，根本沒有任何選擇。因此，某些生物形態學（morphology）上的特徵的確源自基因，某些卻是物理學、化學與動力學的結果。分辨這兩者差別的方法之一，就是基因的影響具有極大的彈性，可是物理學、化學與動力學卻會產生數學規律。

在植物體內出現的數目，都會顯示出數學規律，花瓣只是其中一例。花瓣數目形成了費布納西數列（Fibonacci series）的最初幾項，這個數列每一項都等於前面兩項的和。不過，我們不只能在花瓣中找到費布納西數列，如果您觀察一朵大型的向日葵，就會發現它頭上的小花（floret，最後會變成種子的微型花朵）亦顯現出一種絕妙的模式。這些小花排列成兩組交錯的螺線，其中一組順時針旋轉，另一組則逆時針旋轉。在某些品種中，順時針的螺線有三十四條，逆時針的則有五十五條，兩者都是費布納西數，而且是數列中相鄰的兩項。兩組螺線確切的數目由品種決定，但通常都是三十四與五十五，或五十五與八十九，或八十九與一百四十四……

另外一個例子，是鳳梨有八列向左斜、十三列向右斜的鱗片，很類似鑽石表面的花紋。

生物學家正確？還是數學家對？

大約在一二〇〇年，費布納西（Leonardo Fibonacci，約1170-1250）在研究兔群生長的問題時發明了這個數列。就一個模型而言，費布納西數列並不像狐與兔例子中的模型那麼真實，不過它本身是個很有趣的數學問題。這是因為它是這類模型的第一個，而且數學家發現，費布納西數本身就很迷人、很有趣。

這個例子的關鍵問題在於：假如遺傳可以讓花朵具有任意數目的花瓣，或是讓鳳梨具有任意數目的鱗片，為什麼我們觀察到的幾乎都是費布納西數？

答案想必是因為這些數目源自某種數學機制，而不是任意的遺傳指令。其中最有可能的候選者，就是植物發育中的某種動力學限制，能自然而然導致費布納西數。

當然，外表的一切都可能是假的，或許這全都由基因主使。但如果是這樣，我還是想知道費布納西數到底如何跑到DNA密碼中，以及為什麼剛好是這些數目。也許演化是從一些自然產生的數學模式開始，再藉著天擇對它們進行微調。不過，我對大部分這類過程十分懷疑，例如老虎的條紋，蝴蝶的翅膀，您會認為這些模式是天擇的結果嗎？

這也許就能解釋，為什麼遺傳學家相信模式來自遺傳，而數學家卻堅持數學才是真正的原因。

有關葉子、花瓣這類結構的排列，其實已經累積了大量而傑出的研究文獻。但早期的研究都是純描述性的，並不解釋這些數目與植物生長的關係，只是將排列的幾何圖樣分類。在這些文獻中，最重要而深入的洞見來自法國物理數學家鐸狄（Stéphane Douady）與庫德（Yves Couder）最近所做的研究。他們提出了一個植物生長的動力學理論，再利用電腦模擬與實際實驗，證明它的確能解釋費布納西模式。

鐸狄與庫德所根據的是一個古老的基本觀念：如果我們觀察一株正在生長的植物的枝條頂端，就能看出這株植物所有的重要結構，包括葉子、花瓣、萼片（sepal）、小花等等一切，將會如何發育。

枝條頂端有一塊圓形而不具特色的組織，稱為頂尖（apex）。頂尖周遭圍繞著一個又一個微小的塊狀物，稱為原基（primordia）。每個原基都會漸漸遠離頂尖；更正確的說法，應該是頂尖的生長使頂尖自己漸漸遠離原基。最後，那些原基會發育成葉子、花瓣等等結構。然而，早在原基形成之初，這些結構的整體排列便已確定了。

因此，若要解釋花瓣的費布納西數，基本上我們所需要做的，就是解釋為何在原基中能看到螺線與費布納西數。

發現黃金角

首先我們必須了解，眼睛看起來最明顯的那些螺線，其實並不是最基本的。最重要的一條螺線，是順著原基出現的順序而畫出來的。

較早出現的原基距離頂尖較遠，因此我們可以根據這個規律，推測出各個原基出現的順序。我們將會發現，就先後順序而言，原基沿著一條繞得很緊的螺線做很稀疏的排列，這條螺線稱為「生成螺線」（generative spiral，也可稱為「母螺線」）。我們之所以會看出許多「費布納西螺線」，是因為它們是由空間中最接近的一些原基構成的；然而，真正重要的卻是原基在時間中的順序。

在這個問題中，最重要的定量特徵是生成螺線上連續兩個原基之間的「角度」。讓我們選取兩個連續的原基，想像從它們的中心各畫一條直線連到頂尖的中心，然後測量這兩條線所夾的角度。我們將會發現，相鄰的角度都非常接近，它們的共同值稱為「發散角（度）」（divergence angle）。換句話說，就角度而言，原基都以相等的間隔排在生成螺線上。

此外，發散角通常都很接近一三七．五度。晶體學家布拉菲兄弟（Auguste Bravais, 1811-1863、Louis Bravais）於一八三七年首先強調這項事實。想要明白這個數字為什麼重要，我們可從費布納西數列中任選相鄰的兩項，例如三十四與五十五，然後以兩者的比例（34／55）乘以三百六十度，得到的答案大約是二二二．五度。由於這個角度大於一百八十度，因此我們應該從另一側測量，也就是說，用三百六十度減去這個角度，結果便是一三七．五度左右，正是布拉菲兄弟所觀察到的值。

相鄰兩個費布納西數的比例，會愈來愈接近〇．六一八〇三四……。比如說，三十四除以五十五約等於〇．六一八二，這就已經非常接近。上述的極限值其實等於$(\sqrt{5}-1)/2$，也就是所謂的黃金數（golden number，亦稱黃金分割比），通

常記為希臘字母 ϕ。

自然界已經為數學偵探留下一道線索——兩個連續的原基所夾的角度，都很接近「黃金角」：360°（1-φ）≒137.5°。

最「無理」的無理數

一九〇七年，易特生（G. Van Iterson）沿著這道線索追查下去。他在一條繞得很緊的螺線上，每隔一三七．五度畫一個點。結果他發現，由於這些點的排列方式特殊，因此眼睛會看到兩組互相交錯的螺線，其中一組以順時針方向旋轉，另一組則以逆時針方向旋轉（請參見次頁圖）。

基於上述費布納西數與黃金數之間的關係，我們知道，兩組螺線的數目一定是兩個相鄰的費布納西數。至於究竟是哪兩個，那得由螺線的緊密程度來決定。但是，這個結論又如何解釋花瓣的數目呢？基本上，在兩組螺線中剛好只有一組螺線，它的每一條螺線最外緣的點（原基）可以長出一片花瓣。

到了這裡，已經將一切都化約成了「只需解釋連續原基的間隔為何是黃金角」，然後所有的問題都能迎刃而解。

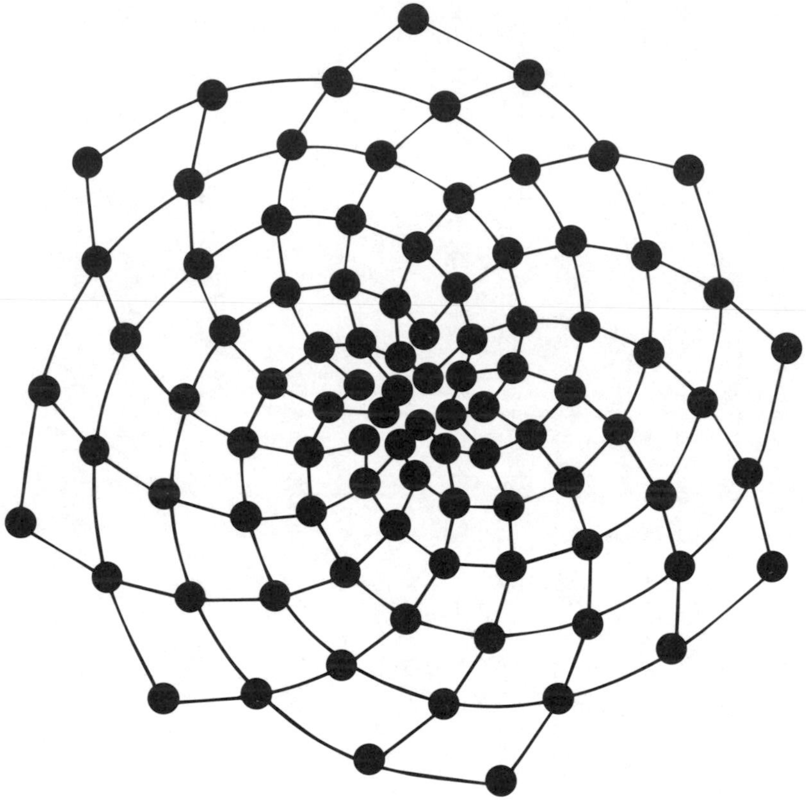

沿著一條繞得很緊的螺線（圖中並未畫出）以一三七·五度間隔擺置的各點，乍看之下自然而然形成兩組繞得較鬆的螺線。其中，逆時針旋轉的螺線有八條，順時針旋轉的螺線有十三條；八與十三剛好是兩個相鄰的費布納西數。

鐸狄與庫德為黃金角找到一個動力學解釋，他們的想法建立在伏格（H. Vogel）於一九七九年的重要發現上。伏格的理論也是描述性的，焦點集中於排列的幾何，而不是動力學的導因。

伏格做了許多數值實驗，結果強烈暗示：假如原基在生成螺線上以黃金角為間隔擺置，那麼它們的排列將最為緊密。比如說，若是我們不用黃金角，而改用九十度當發散角，這個角度剛好是三百六十度的四分之一，因此原基會沿著四條徑向的（radial）直線排列，也就是排成一個十字型。

事實上，如果我們選用的發散角是三百六十度的有理（小）數倍，就必定會得到一組徑向直線。由於直線之間都有空隙，所以原基就無法排列得很緊密。結論是：想要以最有效的方式填滿一個平面，發散角就必須是三百六十度乘以某個無理（小）數，也就是乘以不能表示為分數的數。

但是要用哪一個無理數呢？實數不是有理數就是無理數，不過，某些無理數卻比其他無理數更「無理」些，這就好像歐威爾（George Orwell, 1903-1950，本名 Eric Blair）的《動物農莊》（*Animal Farm*）中的所謂「平等」一樣。數論學家很早就知道，最「無理」的無理數就是黃金數，它很難以有理數近似，如果我們能將近似的困難程度量化，將會發現它是最差的一個（譯注：這點可由「連分數」的標記法看出來，詳見「名詞注釋」）。反過來說，這就代表「黃金發散角」會使原基排列得最緻密。伏格的電腦實驗已為這個期望提供了佐證，可是並未以嚴密的方式證明出來。

那是動力學的工作

鐸狄與庫德並未用到最緊密排列的原則，卻從簡單的動力學「導出」黃金角，這是他們最精采的結果。

他們假設某種連續的元素（代表原基）在一個小圓（代表頂尖）的邊緣以固定的時間間隔形成，這些元素再以特定的初始速度沿著徑向外移。此外，他們還假設這些元素會互相排斥，就像具有同性電荷的帶電體，或是具有相同極性的磁體。這就保證徑向運動會一直不斷，而每個新產生的元素都會與前面幾個盡量遠離。這樣的系統很有希望會符合伏格的最密排列準則，因此我們預料黃金角會自動出現，結果果真如此。

鐸狄與庫德做了一項實驗，不過並非利用植物，而是使用一個置於垂直磁場中、盛滿矽酮油（silicone oil）的圓盤。他們讓磁性流體液滴以固定的時間間隔落入圓盤中央，這些液滴會被磁場極化，於是就會互相排斥。由於圓盤邊緣的磁場比中央的強一點，所以液滴還會受到一個徑向推力。

這個實驗所產生的模式，可由相鄰液滴的時間間隔決定，但絕大多數模式都是所有液滴排在一條螺線上，它們的發散角都很接近黃金角，因而呈現出類似向日葵籽的兩組交錯螺線。鐸狄與庫德還進行過電腦計算，也得到了類似的結果。

在實驗與電腦模擬中，他們都發現到發散角由液滴的時間間隔決定，這個函數關係形成一個由許多波狀曲線構成的複雜分支圖形。

其中，每條波狀曲線的每一段起伏（譯注：完整的波峰或波谷）都對應不同條數的兩組螺線。主分支（main branch）的發散角一律非常接近一三七・五度，在這條曲線上可找到所有的相鄰費布納西數對，每一對都依照先後順序排列（譯注：愈小的時間間隔對應愈大的費布納西數對）。而各分支之間的空隙則代表「分歧」現象（譯注：時間間隔漸漸變小時，某費布納西數對會突然變成兩對），此時動力結構會產生巨大變化。

當然，沒人會說植物學都像這個模型一樣能以完美的數學來描述；尤其是有許多種植物，原基出現的速率可以增加或減少。事實上，生物模式學上的變化，比如說某個原基會變成葉子還是花瓣，通常都伴隨著這類的變異（variation）而發生。因此，也許基因的作用正是影響了原基出現的時間。

不過話說回來，植物並不需要基因告訴它們如何擺置原基；那是動力學的工作。所以，整個過程便是物理學與遺傳學合作的結果，我們若想要知道究竟發生了什麼事，就必須同時動用這兩門學問。

絕對無法抗拒的遊戲

以上三個例子源自科學中相當不同的領域，每一個都以自己的方式讓我們大開眼界。「自然界的數」就是可由自然形體中發現的深層數學規律，這三個個案全都是為「自然界的數」溯源。它們都藏有一個相同的脈絡，一個更深層的訊息：大自然並不複雜，一點也不；大自然是單純的，是一種獨特而微妙的單純。然而，那些單純性卻沒有直接呈現在我們眼前，不過，大自然已經為數學偵探留下了一些解謎的線索。

這是個很迷人的遊戲，即使對觀眾也是一樣。

如果您是個數學福爾摩斯，它就是個絕對無法抗拒的遊戲。

結語

開創形態數學

我們也許永遠無法成功

但試試看一定很有趣

我還有另一個夢想。

我的第一個夢想「虛擬幻境機」只是個科技產物，它能幫助我們將抽象的數學視覺化，促使我們建立新的直覺，讓我們得以忽略數學問題中冗長沉悶的數字結構。尤其重要的是，它能使數學家對心靈世界的探索變得更容易。但是，由於數學家在數學園地流連忘返時，偶爾也會創造出新景觀，因此虛擬幻境機也可扮演創造性的角色。

事實上，虛擬幻境機或者類似的產品，很快就會問世。

模式突現了

我將第二個夢想稱為「形態數學」（morphomatics），它並不是一種科技，而是思考方式。就創造性而言，形態數學具有極為重大的意義。但我卻不知道它是否真會出現，甚至不知道是否有此可能。

我希望答案是肯定的，因為我們都需要它。

上一章的三個例子「液滴、狐與兔、花瓣」彼此間的結構有很大的差異，可是對於這個宇宙如何運作，它們都顯示了相同的哲學觀。它們不像運動定律導出行星橢圓軌道那樣，能直接從簡單的定律導出簡單的模式。相反的，它們貫穿枝葉茂密的複雜性巨樹，最後在適當的尺度下，才終於陷縮成相當簡單的模式。

「水龍頭滴水」這個簡單的敘述，伴隨著極端複雜而不可思議的一連串變遷。雖然我們已有了電腦模擬的證據，我們還是不知道從流體定律中「為何」會導致這些變遷。這是個簡單的結果，可是起因卻不單純。

在狐狸、兔子與草地構成的數學電腦遊戲中，則包含了許多複雜而隨機的規則。然而，這個人工生態的重要特徵，卻能以四個變數的動力系統來表現，精確度高達百分之九十四。

花瓣的數目是所有原基進行複雜交互作用的結果，但是藉著黃金角，這些作用卻剛好導致各種費布納西數。費布納西數是每位數學福爾摩斯的線索，而不是躲在幕後的元兇。在這個問題中，數學莫里亞提（Moriarty，譯注：福爾摩斯的死對頭）並非費布納西，而是動力學；是自然界的機制，而不是「自然界的數」。

在這三個數學故事中，蘊含著一個共同的訊息：自然界的模式都是「突現的現象」，它們從複雜性海洋中突然冒出來，就像波提且利（Sandro Botticelli, 1445-1510）的維納斯乍現於貝殼中，毫無預兆，而且超越了母體。它們不是自然律的深層單純性帶來的直接結果，那些自然律在這個層級並不適用。它們無疑是從自然界的深層單純性間接衍生而來，但由於因果之間的路徑太過複雜，以致沒有人能夠追尋每一步足跡。

定量是差勁的定性描述

如果我們真想掌握模式的突現，首先需要擁有一個嶄新的科學方法，它要能跟重視定律與方程式的傳統方法並駕齊驅。電腦模擬就是其中一環，可是我們還需要更多。僅由電腦告訴我們某個模式存在，這樣並不能令人滿意，我們還想知道「為什麼」。這就代表我們必須建立一種新的數學，這種數學能將模式當作模式處理，而不會僅視為細微尺度交互作用的偶然結果。

我並不想改變現存的科學思考方式，它已經帶我們走了很長、很長的一段路，我呼籲的是建立另一個與它相輔相成的體系。

晚近數學最驚人的特色之一，就是開始注重一般性原則與抽象的結構，重心已由定量問題轉移到了定性問題。偉大的物理學家拉塞福（Ernest Rutherford, 1871-1937）曾經說過：「定性是差勁的定量描述」，但是這種心態現在已經沒什麼道理。拉塞福的名言剛好應該倒過來說：定量是差勁的定性描述。因為，能幫助我們了解並描述自然的數學性質種類繁多，數字只不過是其中一種。我們若想將所有的自由度都擠進局限的數值體系，就絕對無法了解樹木的生長或沙丘的形成。

建立一種新數學的時機業已成熟。拉塞福對定性推理的批評，主要在於失之草率；而這種新數學則擁有相當的嚴密性，卻又包含了更多觀念上的靈活性。

我們的確需要一種研究模式的有效數學理論，這就是我將我的夢想稱為「形態數學」的原因。令人遺憾的是，科學的許多分支如今正朝相反方向發展。舉例來說，DNA常被視為生物體形態與模式的唯一解答，然而當今的生物發育理論，卻不足以解釋為何有機與無機世界分享了那麼多的數學模式。或許，DNA是將動力學規則編入了密碼，而非僅僅控制發育完成的模式。假如真是這樣，當今理論顯然忽視了發育過程的許多關鍵步驟。

建立適當的數學

數學與自然形態有密切關聯的想法源自湯普生，事實上，還可以遠溯到古希臘人，甚至巴比倫人。然而，直到最近這些年，我們才開始發展堪稱適當的數學。

過去的數學體系本身都太死板，都是為了遷就鉛筆與紙張的限制而創製的。比如說，湯普生注意到，有多種生物體的形狀與流體的形態極為相似，可是如果想要模擬生物體，當今的流體力學使用的方程式卻嫌簡單得過分。

如果我們在顯微鏡下觀察一個單細胞生物，最不可思議的就是它的運動顯得有明確的目的，看來好像真的知道該往哪裡走。事實上，它是以一種非常特殊的方式，對周遭的環境與內在的狀態做出回應。

生物學家正逐步揭開細胞運動機制的神祕面紗，這些機制比起傳統的流體力學可要複雜許多。細胞最重要的特色之一，是擁有所謂的「細胞骨架」（cytoskeleton），它是某種互相糾纏的管狀網絡，看起來就像一捆稻草，功能是做為細胞內部的剛性支架。細胞骨架具有驚人的靈活性與動態結構，在某些化學物質的影響下，它可以完全消失無蹤；而不論任何地方需要支撐，又都可以在該處生長。

其實，細胞運動所憑藉的，就是拆卸某些骨架而改搭在另一處。

細胞骨架的主要成分是微管，在討論對稱時我曾經提到它。我在那一章說過，這種不尋常的分子呈長管狀，是由兩種單元：α—微管蛋白與β—微管蛋白組成的，兩者排列成如同西洋棋盤的黑白相間圖樣。微管可藉增加新單元而生長，也能像香蕉皮那樣從頂端向後捲縮。它的捲縮速率遠大於生長速率，但這兩種傾向都可用適當的化學物質來刺激產生。

並非史無前例

我們可以這麼說：細胞改變結構的方式，就好像是在生化海洋中伸出微管釣竿來釣魚，釣竿本身會對化學物質產生反應，因而會伸張、陷縮或左右搖擺。當細胞分裂時，這微管釣竿就在自己生成的微管網中一分為二。

這絕不屬於傳統流體動力學的範疇，但我們不可否認它是某種動力學。細胞的DNA也許包含了製造微管的指令，但它絕不會告訴微管，在遇到特殊化學物質時應當表現哪種行為。那些行為是由化學所主宰的，我們無法藉著改寫DNA的指令而令它們改變，正如同我們無法藉著改寫DNA的指令，而使大象以拍動雙耳的方式飛行。

這種微管網絡在化學海洋中的行為，究竟對應的是什麼樣的流體力學呢？目前還沒有人知道答案，但這顯然是一個數學上與生物學上同等重要的問題。

這種問題並非完全史無前例，液晶動力學（研究由長分子形成的模式的理論）也同樣令人感到莫名其妙。

然而，細胞骨架動力學要更為複雜，因為這些分子還能改變大小，甚至完全四分五裂。但是，只要我們能對如何以數學研究細胞骨架有絲毫的概念，一個好的細胞骨架動力學理論，將會是形態數學中重要的一環。只不過，微分方程式似乎不像是個恰當的工具，所以我們還需要開創一個嶄新的數學領域。

不妨嘗試看看

這是一項艱巨的任務，然而我們知道，數學正是以這種方式成長的。

牛頓想要了解行星運動的時候，世界上根本沒有微積分，因此他創造了這個工具。混沌理論也不是古已有之，而是數學家與科學家對這種問題產生興趣後才出現的。形態數學今天並不存在，但我相信它的一些零組件已經問世，動力系統、混沌、失稱、碎形、格狀自動機，只是我信手拈來的幾個例子。

如今，該是我們開始將這些零件結合起來的時候了。因為唯有那樣，我們才能真正開始了解「自然界的數」，以及自然界的形體、結構、行為、交互作用、過程、發育、變形（metamorphosis）、演化、循環……

我們也許永遠無法成功，但試試看一定很有趣。

附錄

名詞注釋・延伸閱讀

名詞注釋

葉李華 整理

〈三畫〉

大霹靂 big bang

當今宇宙學的主流為大霹靂說，若將這個理論外推到極致，則宇宙起源於一個溫度無限高、密度無限大的奇異點，這個理論上的奇異點通稱為大霹靂。

小行星帶 asteroid belt

小行星為直徑約一公里到一千公里、繞日運行的岩質天體，目前已發現超過四千顆。它們大都集中於木星與火星兩者軌道之間，其分布區域稱為小行星帶。

三角學 trigonometry

研究三角形中角、邊關係的數學，其中最重要的成分為三角函數。可細分為平面三角學與球面三角學。

三體問題 three-body problem

三個物體互相之間的作用力若服從牛頓重力理論，如何解出描述這個系統的微分方程式即稱為三體問題。傳統的解微分方程式技巧對三體問題束手無策。

〈四畫〉

不變性原理 invariance principle

在所有靜止或做等速度運動的座標系中，任何物理定律的形式一律相同。此原理為狹義相對論的兩大假設之一，亦稱「相對性原理」（principle of relativity）。

中心粒 centriole

細胞中心體內兩個互相垂直的柱狀組織，每個中心粒由二十七條微質管組成。

中心體 centrosome

亦稱「細胞中心」（cell center），為鄰近細胞核的一個特定區域，負責組織與指揮其中的微質管。

公設 axiom

一些明顯而眾所公認的敘述或命題，本身不可證明或反證。每個數學體系都需要一組公設做為論證的出發點，例如歐幾里得幾何共有五個公設。

分歧 bifurcation

非線性微分方程式中某個參數不斷改變時，它的解突然出現定性變化（通常為可能的狀態增加）的現象。該方程式描述的物理系統所發生的相應變化亦稱分歧。

反射 reflection

物體經由（抽象）鏡子的作用而變換成它的鏡像，鏡像的位置與物體的位置分置於鏡子兩側，且兩者與鏡子等距（參見「鏡像」）。

天擇 natural selection

達爾文所創立的學說，認為只有最能適應環境的生物方能存活，並將其遺傳特徵傳給下一代。

巴克球 buckminsterfullerene; buckyball

六十個碳原子構成的球狀碳原子團，各原子分別位於「截角正二十面體」的六十個頂點（參見「截角正二十面體」）。此名稱是為了紀念名建築師富勒（Buckminster Fuller, 1895-1983），他所設計的一種建築與這種分子外形相似。

〈五畫〉

半衰期 half-life

亦稱「半生期」，一大群放射性原子（核）衰變一半數量所需的時間（參見「衰變」）。

去相干性 decoherence

量子系統因為與環境作用而失去許多量子特性，以致表現得有如古典系統（遵循古典力學的系統），這種機制稱為去相干性。

去氧核糖核酸 DNA, deoxyribonucleic acid

由去氧核糖核苷酸所組成的長鏈聚合物，為遺傳訊息的攜帶者。通常結構為互相糾纏的雙鏈，其中一條鏈的嘌呤與另一條鏈的嘧啶之間藉氫鍵維持雙螺旋結構，遺傳訊息即編碼在（嘌呤—嘧啶）鹼基對序列中。

加速度 acceleration

物體的速度對時間的變化率，由於速度為向量，故加速度亦為向量。

平方反比律 inverse-square law

某物理量的大小若與距離的平方成反比，即稱此物理量符合平方反比律，例如重力與靜電力皆是。

平移 translation

物體中各點沿著平行線移動，每一點的位移量完全相同。

正二十面體 icosahedron

由二十個正三角形拼成的規則立體圖形，具有十二個頂點、三十條稜線，以及二十個正三角面。

正四面體 tetrahedron

由四個正三角形拼成的規則立體圖形，具有四個頂點、六條稜線與四個三角面。

正弦波 sinusoidal wave

波形為正弦曲線的波動，其標準式為$y(x, t) = A\sin[2\pi(x/\lambda - ft)]$，其中 x為波的行進方向，$y(x, t)$ 描述波動在t時的形狀，A為振幅，λ為波長，f為頻率。

甲烷 methane

無色無味，比空氣輕的易燃氣體，化學式CH_4，為天然氣的主要成分。

〈六畫〉

全像 holograph

由兩組雷射光束所拍攝的相片，會在底片上產生並記錄干涉條紋。在觀看這種相片時，干涉條紋便會產生立體影像。

有理數 rational number

可表示為兩個整數比值的數（包括正、負或零），對應於有限小數或循環小數。

次原子粒子 subatomic particle

組成原子的粒子或更基本的粒子，例如質子、中子、電子、微子、光子、夸克。

自然數 natural number

0、1、2、3、4、5……所構成的集合。自然數的數目無限多，也就是沒有最大的自然數。有些數學家則將0摒除在外，而將1視為最小的自然數。

自發失稱 spontaneous symmetry breaking

亦稱「自發對稱破缺」。一個系統所具有的某種對稱性，在受到無限小的擾動後便消失的現象。

行走 walk

動物的最基本步調，兩足動物行走的方式為左、右腿交替前進；四足動物行走的規律為左前腿↓右後腿↓右前腿↓左後腿，如此周而復始。

行星 planet

圍繞恆星旋轉的大型天體，本身不會發熱發光。目前已知太陽系有九顆行星，其他恆星周圍的行星仍未有確實的觀測證據。

共振 resonance

共振有數種定義，本書專指在一個週期天體系統中，數個互動天體的個別週期（或一個天體的不同種類週期，例如自轉與公轉）成簡單整數比的現象。

同相 in phase

指兩個（或數個）振盪完全同步，即各個振幅的起伏完全一致。

同調光 coherent light

光束中的光線全部同步，並且具有相同的振幅與方向。雷射光即為典型的同調光。

〈七畫〉

形態學 morphology

生物學的一支，專門研究生物的形態與結構。

折射率 refractive index

物質使光波（或電磁波）折射的程度，其值為「真空中的光速」除以「該物質中的光速」。

吸（引）子 attractor

若是一個動力系統的許多初始狀態，其長期行為都對應於相空間中某個特定區域（例如靜止在一點，或繞著一個圈打轉），這個特定區域即稱為該系統的吸引子。

初始條件 initial condition

定出一個系統最初狀態的完整條件。例如在牛頓力學中，系統的初始條件為各個質點的位置與速度。

〈八畫〉

函數 function

（一）一組數學對象（甲）對應到另一組（乙）的規則，一般說來，每一個甲對象對應唯一的乙對象。

（二）在上述規則之下，乙稱為甲的函數，因此函數亦可代表乙對象的對應值。

步調 gait

有腿的動物未受意識控制而做出的各種運動規律。

奔跑 canter

四足動物的一種步調，左前腿先著地，接著是右後腿，然後另外兩條腿同時著地，如此周而復始。

週期倍增級聯 period-doubling cascade

一個系統中的某個因素不斷變大（或變小）時，該系統的某種週期會不斷加倍的現象。這個因素增加（或減少）到一個臨界值之後，該系統就會表現出混沌行為。

孤立波 solitary wave

一種不會在介質中散開來的波動，例如水中行進的孤立波會一直保持固定的形狀與高度。許多物理系統中都有孤立波的存在。

奇異吸（引）子 strange attractor

幾何結構為碎形的吸引子，對應於混沌系統的行為（參見「吸引子」）。

奇異點 singularity

在一個數學結構中，使某些量變為無窮大或無意義的（抽象）點。存在奇異點的數學結構極難處理。

拋物線 parabola

二次平面曲線（亦即「圓錐曲線」）的一種，形狀為U字型，直角座標的標準式為$y=ax^2$。利用牛頓力學，可以證明地球上的拋體軌跡即為「拋物線」。

矽酮油 silicone oil

一種有機矽化合物，為熔點很低的油類，黏度幾乎不隨溫度改變，可用作潤滑劑、避震液等。

波動方程式 wave equation

描述各種波動在N維空間中振盪或傳遞的偏微分方程式，通稱為「N維波動方程式」。例如一維波動方程式可描述琴弦的振動，三維波動方程式可描述電磁波的傳遞。

非線性動力學 nonlinear dynamics

若是一個方程式有兩個不同的解，而這兩個解的疊加亦為一解，這個方程式就是線性方程式，否則稱為非線性方程式。非線性動力學所研究的對象，便是非線性方程式所描述的動力系統。

〈九畫〉

食 eclipse

天體射到地球的光芒受其他天體影響而暫時部分或全部消失的現象，例如日食、月食、衛星食、雙星食。某些情況下這種天象則稱為「掩」（occultation）。

相空間 phase space

微分方程組中各未知函數所構成的抽象數學空間，每個未知函數對應一個維度。

相變 phase transition

物理系統的狀態或性質受環境因素（例如溫度）誘發而產生的轉變，例如由液態變為氣態、由普通導體變為超導體。

突變 mutation

動植物的基因或染色體突然出現新的特徵，這種現象稱為突變。

星系 galaxy

宇宙中眾多恆星（與其他天體、雲氣及塵埃）聚集的區域，根據形狀可分為螺旋狀星系、橢圓星系等，各星系之間的距離一律相當遙遠。我們的銀河系就是一個星系。

星座 constellation

地球上看來互相接近的一些恆星所組成的人為單位，通常以動物或神話人物命名。整個天空共有八十八個星座，天球本身根據這些星座劃分為八十八個區域。

飛馳 gallop

四足動物的一種步調，可細分為旋轉性飛馳與橫向性飛馳。動物在進行旋轉性飛馳時，兩條前腿幾乎同時著地，不過（例如）右腿比左腿稍晚一點，然後兩條後腿也幾乎同時著地，但左腿則比右腿稍晚，如此周而復始。橫向性飛馳的唯一差別在於兩條後腿著地的順序與前腿相同。

苯 benzene

一種無色易燃的液態芳香烴，化學式C_6H_6，其中六個碳原子構成一個六邊形。它的結構是很多重要碳化合物的基石。

〈十畫〉

流星雨 meteor shower

太陽系中有許多流星帶，當地球運行到某個流星帶時，天空某處即會輻射無數流星，這就是流星雨。不同季節的流星雨出現在不同位置，一律根據所在位置的星座命名，例如十二月上旬所見者為雙子座流星雨（Geminids）。

原基 primordium

植物中某種特定結構的最早期細胞。

原腸胚形成 gastrulation

多細胞動物胚胎必經的發育階段之一，在此期間胚胎通常呈囊狀，具有內胚層與外胚層兩層細胞。

徑向 radial direction

對於具有圓對稱或球對稱的結構而言，由中心（圓心、球心）向外射出的方向稱為徑向。

振幅 amplitude

振盪的幅度，即振盪的物理量偏離平衡點的最大值。

振盪 oscillation

物理系統所進行的週期性變動。例如琴弦的振動、石英晶體的振盪。

振盪器 oscillator

亦稱「振子」，能夠進行規律振盪的物理系統。

時間反轉 time reversal

物理系統在時間變數由正變負之後理論上的行為。「時間反轉對稱」指該行為亦是自然界存在的現象，「時間反轉失稱」指該行為不存在於自然界中。

胺基酸 amino acid

任何含有鹼性胺基與酸性羧基的有機化合物，自然界已經發現八十多種，其中二十種是構成蛋白質的單元。

格狀自動機 cellular automaton

一種數學建構模式，其中系統由許多「格子」（cell）組成，它們的演化遵循一組特定的規律。此種虛擬系統可表現出複雜或混沌的行為。在電算科學中，這個名詞另有不同的定義。

座標 coordinate

定出（廣義）空間中各點位置的一組數字，N維空間的座標恰好包含N個數字（參見「維度」）。

弱核力 weak force

四種基本作用力中次弱的一種（最弱者為重力），主要表現於原子核的β衰變過程中（參見「衰變」）。

脈衝耦合 pulse coupling

每隔固定時間才有一次瞬間聯繫的耦合。

能階 energy level

量子物理體系（例如原子）的各穩定狀態所具有的能量。

衰變 decay

放射性原子（核）或不穩定的粒子自動變成其他較穩定之原子（核）或粒子的過程。

〈十一畫〉

基因 gene

亦稱「遺傳因子」，為染色體中的遺傳基本單位。丹麥植物學家約翰生（Wilhelm Johannsen, 1857-1927）於一九〇九年建議將這些單位統稱為「基因」。

偏微分方程式 partial differential equation

在微分方程式中，若是未知函數對不只一個變數微分，則稱之為偏微分方程式。例如波動方程式、熱傳導方程式皆為偏微分方程式（參見「熱傳導方程式」）。

旋轉 rotation

物體將某一點固定而做的各種可能運動。平面物體的旋轉即為繞著該固定點的轉動，立體物體的旋轉可分解成數個繞軸的轉動。

強核力 strong force

四種基本作用力中最強的一種，不過有效距離亦最短。強核力負責將夸克結合成質子、中子等粒子，並將質子與中子結合成原子核。

彗星 comet

繞日運行的一種天體，與行星最大的不同在於具有極狹長的橢圓軌道，其成分為塵埃與凝固的水、氨、甲烷、二氧化碳等。當彗星接近太陽時，便會形成一條長長的尾巴。

混沌 chaos

一個能以（微分）方程式做出完整描述的系統，假如它對初始條件太過敏感，在某些情況下，其行為就可能變得不規則而不可預測，這種看似雜亂無章的行為稱為混沌。

異相 out of phase

指兩個（或數個）振盪不同步，即兩者到達最大值或最小值的時間不同。

細胞骨架 cytoskeleton

顧名思義即細胞內部的骨架，主要由微質管等絲狀體構成。

速度 velocity

物體的位移對時間的變化率。由於位移為向量，故速度亦為向量，也就是必須同時指定大小與方向。

速率 speed

物體移動的距離對時間的變化率，為一不具方向的純量。瞬時速率即等於當時速度的大小。

設限三體問題 restricted three-body problem

在三體問題中再加入某些條件，主要是假設其中一體的質量非常小，因此它對其他二體的重力作用可以忽略，這樣能使原來的三體問題簡化一些。

頂尖 apex

植物根部或枝條具有分生組織的部分。

〈十二畫〉

散射 scattering

波或質點的前進受到阻礙以致路徑偏折的現象。

湍流 turbulent flow

流體運動模式的一種，其中各處的速度與液壓不斷改變，不斷產生各種尺度的漩渦，不穩定且容易耗散。湍流中所有質點充分混合，個別質點的位置與運動無法準確算出，表面看來毫無規律且雜亂無章。

虛數 imaginary number

虛數的單位為$\sqrt{-1}$，通常記為i，實數乘i即為虛數，例如*-5i*。虛數的平方為一個負實數。

無限小 infinitesimal

一種數學概念，可直覺理解為「大於零的任意小值」。它並非一個數字，也就是說並非實數的一員。

無理數 irrational number

不能表示為兩個整數比值的正數或負數，例如圓周率（π）、二的平方根。以小數表示時，它們一律是不循環的無限小數。

無線電波 radio wave

簡稱「電波」，為電磁波的一種，頻率介於數千至數十億赫茲（每秒振盪周數）之間。由於可用天線輻射出去，因此亦稱「射電波」。適用於廣播、通訊等等。

費布納西數列 Fibonacci series

十三世紀數學家費布納西發明的一種無窮數列，定義為第一、二項皆等於1，以後每項等於前面兩項之和。因此費布納西數列最初幾項為1、1、2、3、5、8、13、21、34……這個數列與許多數學結構及自然現象有密切關係。

費布納西數 Fibonacci number

費布納西數列中的各項（參見「費布納西數列」）。

費根鮑姆數 Feigenbaum number

物理學家費根鮑姆所發現的一個普通常數，其值約為四．六六九。這個常數曾在電腦模擬的混沌系統中出現，亦可藉由實驗測量，它與所有「週期倍增」的混沌現象有關。

量子不確定性 quantum indeterminacy

即海森堡（Werner Heisenberg, 1901-1976）提出的測不準原理（uncertainty principle），認為某些成對的物理量（例如位置與動量）不可能同時測得極準確，其中之一測得愈準，另一個就愈不精確；若是其中之一完全確定，另一個的誤差則變成無窮大。

量子力學 quantum mechanics

根據蒲郎克（Max Planck, 1858-1947）的量子論、海森堡的測不準原理等學說所建立的力學體系。一般說來，量子力學適用於微觀尺度的物理系統，例如分子、原子、粒子。量子系統有時亦能表現巨觀行為，例如超流與超導的現象。

超弦理論 superstring theory

引進超對稱（supersymmetry）理論的弦論（string theory），其中物質的基石為十維時空（九維空間加一維時間）中的「弦」。雖然它是萬有理論的候選者（參見「萬有理論」），但至今未有任何實驗證據。

超距作用 action at a distance

不需實際接觸的作用力，例如重力、電磁力等等。

黃金數 golden number

將一條線段分割成長、短兩段，若是「短段與長段的比例」等於「長段與全長的比例」，這個比例就稱為「黃金分割比」，亦稱為黃金數。根據以上的定義，黃金數是方程式$\tau^2+\tau-1=0$的正根，也就是（$\sqrt{5}$-1）/2=0.618033988……。從這個方程式，不難推出黃金數的「連分數」標記法：

$$\tau=\cfrac{1}{1+\cfrac{1}{1+\cfrac{1}{1+\cfrac{1}{\cdots\cdots}}}}$$

由此可見它是「收斂」最慢的連分數，所以說黃金數是最為「無理」的無理數。

〈十三畫〉

微分方程（式）differential equation

某個未知函數與其各階微分所組成的方程式。如果變數只有一個，通稱為「常微分方程式」，變數多於一則稱為「偏微分方程式」（參見「偏微分方程式」）。

微分 differentiation

計算一般函數各處變化率的數學技巧。例如將位移函數對時間微分即得位移的時間變化率，也就是速度函數。

微管蛋白 tubulin

微質管的單元結構，是一種球狀的蛋白質，有 α—微管蛋白、β—微管蛋白兩種。

微質管 microtubule

細胞內一種管狀的絲狀體，由球狀的微管蛋白組成，主要功能為形成與維持細胞的特有形態。

微積分 calculus

微分與積分的合稱，研究牽涉到無限小與極限等概念的數學工具，為一切「分析學」的基礎。

暈 halo

太陽或月球（或其他天體）周圍有時會出現一道光圈，分別稱為日暈與月暈，是懸浮於大氣中的六角微小冰晶折射光線的結果。

溜蹄 pace

四足動物的一種步調，左側兩腿先著地，然後是右側的兩條腿，如此周而復始。

解 solution

滿足一個方程式的數值或數學式。例如代數方程式的解為數值，微分方程式的解為數學式（即函數）。

跳躍 bound

四足動物的一種步調，兩條前腿同時著地，然後是兩條後腿，如此周而復始。兩足動物亦可進行跳躍，其模式與四足動物的蹦跳相同（參見「蹦跳」）。

碎形 fractal

亦稱「分維」，在愈來愈細微的尺度上不斷自我重複、維度並非整數的幾何圖形。碎形可以模擬許多自然界的形體，例如模擬雪花的曲線，其維度約等於一．二六（參見「維度」）。

群體動力學 population dynamics

利用數學技巧（微分方程式、差分方程式）研究生態變化（不同群體間的互動、群體與環境的互動）的科學。

萬有理論 Theory of Everything

能夠解釋一切基本作用力與物質基石的統一理論，至今仍是物理學家的夢想。

實數 real number

有理數與無理數的聯集，與直線上的長度有一對一對應關係。

運動定律 law of motion

（一）牛頓三大運動定律的總稱；（二）牛頓第二運動定律：物體受力必做加速度運動，其加速度正比於作用力，而反比於本身的質量。

電磁波 electromagnetic wave

電磁能量（電磁場）能以波動的方式在空間中振盪或傳遞，稱之為電磁波。無線電波、微波、紅外線、光波、紫外線、X射線、伽瑪射線都是頻率不同的電磁波。

電磁 electromagnetism

根據馬克士威方程式，電與磁是一種物理量的兩種表現，因此兩者應合稱為電磁。

鈾原子 uranium

極重的銀白色金屬，原子序九十二，共有十幾種同位素，均帶有放射性。自然界存在的主要為鈾二三八，鈾二三五則不到百分之一。鈾的重要性在於它是基礎核能燃料。

〈十四畫〉

算術 arithmetic

研究數字的四則運算（加、減、乘、除）的數學。

維（度）dimension

（廣義）空間的自由度，例如點為零維空間，直線為一維空間，球面為二維空間，「時空」為四維空間。

慢跑 trot

四足動物的一種步調，先是左前腿與右後腿同時著地，接著右前腿與左後腿亦同時著地，如此周而復始。

截角正二十面體 truncated icosahedron

將（實心）正二十面體的每個凸角切掉適當大小，即形成一個截角正二十面體。它具有六十個頂點、九十條稜線，以及三十二個面（其中二十個為正六邊形，十二個為正五邊形）。由於它由兩種正多邊形拼成，因此並不算是「正多面體」。

〈十五畫〉

數術 numerology

僅就數字表面關係而做出的種種推論。「數術」與「數論」的關係有如占星學之於天文學（參見「數論」）。

數論 number theory

研究數字本身規律（例如質數的分布）的數學。數論最早的研究對象為自然數，如今已經拓展到複數的領域。

熱傳導方程式 heat equation

描述熱量在物體內如何流動的偏微分方程式，與擴散方程式（diffusion equation，描述微粒在介質中如何擴散）的數學形式相同。

蝴蝶效應 butterfly effect

在一個混沌系統中，極小的擾動就會產生極大的影響，這種現象俗稱蝴蝶效應。

複數 complex number

一個實數與一個虛數的和，例如 3+5i。

質能關係式 energy-mass relation

即愛因斯坦導出的著名公式$E=mc^2$（能量等於質量乘以光速的平方），指出能量與質量實為一體的兩面。

質數 prime number

大於一而只能被一與本身整除的自然數，最初幾個質數為2、3、5、7、11、13。除了2以外，所有的質數都是奇數。質數的數目無窮多，也就是說沒有最大的質數。

穀神星 Ceres

亦稱「一號小行星」，為人類發現的第一顆小行星。由義大利天文學家皮艾奇（Giuseppe Piazzi, 1746-1826）於一八〇一年所發現。

駐波 standing wave

被局限在某個範圍內振盪，而無法向外傳遞的波動，例如琴弦的振動。

〈十六畫〉

整數 integer

正整數、負整數與零的聯集。

積分 integration

通常指「定積分」，將無限多的無限小數量（通常以函數描述）加在一起，而得到一個有限值的數學技巧。此外「不定積分」為微分的反運算，亦即由變化率函數反推原函數的技巧。根據微積分基本定理，函數的定積分可藉其不定積分算出。

聯胺 hydrazine

無色的劇毒液體，化學式N_2H_4，具有類似氨的氣味。用作火箭燃料、鍋爐的抗腐蝕劑，炸藥與抗氧化劑等。

〈十七畫〉

螺旋臂 spiral arm

亦稱「旋臂」，螺旋狀星系中的星體聚集成數個「對數螺線」線段，其中每段即為一個螺旋臂。

螺線 spiral

一種無限長的平面曲線，由一點出發而不斷向外盤旋環繞。通常指阿基米德（Archimedes）螺線，其極座標為r＝aθ，其中a決定該螺線的鬆緊程度。此外還有其他種類的螺線，例如對數螺線、雙曲螺線、連鎖螺線。

隱變數 hidden variable

試圖解釋量子不確定性的一種假想變數。隱變數理論認為量子力學中還有未被發現的變數，已知物理量都會受到這種變數影響，因而導致量子不確定性（參見「量子不確定性」）。

〈十八畫〉

繞射定律 law of diffraction

在本書中指「布拉格（Bragg）定律」，描述X射線照射晶體後所產生的繞射規律，是「X射線晶體學」的基本定律。

蹦跳 pronk

四足動物的一種罕見步調，四隻腿同時運動，身體像皮球一樣彈出。

〈十九畫〉

穩態 steady state

一個系統的巨觀狀態或外觀若是不隨時間改變，則稱它處於穩態。靜態（static state）則是系統的一切微觀狀態亦不改變。

邊界條件 boundary condition

偏微分方程式所描述的系統，在邊界處必須一直服從的某些條件。例如琴弦的兩端必須一直固定不動。

鏡像 mirror image

若甲物體在鏡中照出的結構與乙物體完全相同，則稱甲、乙互為鏡像。例如左腳鞋子的鏡像為右腳的鞋子（參見「反射」）。

〈二十一畫〉

攝動 perturbation

在天文學中，主要指某天體受到其他天體的重力干擾，因而呈現較不規則的運動。

〈二十二畫〉

囊胚 blastula

動物胚胎的早期階段，此時受精卵生成一層球殼狀細胞，將其他部分包裹在內。

〈二十三畫〉

顯解 explicit solution

對於微分方程式而言，能夠寫出明顯數學式的解稱為顯解。

延伸閱讀

第一章　大自然的秩序

Stewart, Ian, and Martin Golubitsky, *Fearful Symmetry* (Oxford: Blackwell, 1992).

Thompson, D'Arcy, *On Growth and Form*, 2 vols. (Cambridge: Cambridge University Press, 1972).

第二章　數學能做什麼？

Dawkins, Richard, "The Eye in a Twinkling," *Nature*, 368 (1994): 690-691.

Kline, Morris, *Mathematics In Western Culture* (Oxford: Oxford University Press, 1953).

Nilsson, Daniel E., and Susanne Pelger, "A Pessimistic Estimate of the Time Required for an Eye to Evolve," *Proceedings of the Royal Society of London, B*, 256 (1994): 53-58.

Cohen, Jack, and Ian Stewart, *The Collapse of Chaos* (New York: Viking,1994).

第三章　數學是什麼？

McLeish, John, *Number* (London: Bloomsbury, 1991).

Schmandt-Besserat, Denise, *From Counting to Cuneiform*, vol.1 of *Before Writing* (Austin: University of Texas Press, 1992).

Stewart, Ian, *The Problems of Mathematics*, 2nd ed. (Oxford: Oxford University Press, 1992).

第四章　變與不變

Drake, Stillman, "The Role of Music in Galileo's Experiments," *Scientific American* (June 1975): 98-104.

Keynes, John Maynard, "Newton, the Man, " *in The World of Mathematics*, Vol. 1, ed. James R. Newman (New York: Simon & Schuster, 1956), 277-285.

Stewart, Ian, "The Electronic Mathematician," *Analog* (January 1987): 73-89.

Westfall, Richard S., *Never at Rest: A Biography of Isaac Newton* (Cambridge: Cambridge University Press, 1980).

第五章　從小提琴到電視機

Kline, Morris, *Mathematical Thought from Ancient to Modern Times* (New York: Oxford University Press, 1972).

第六章　因為失稱的緣故

Cohen, Jack, and Ian Stewart, "Let T Equal Tiger..., " *New Scientist* (6 November 1993): 40-44.

Cohen, Jack, and Ian Stewart, *The Collapse of Chaos* (New York: Viking, 1994).

Field, Michael J., and Martin Golubitsky, *Symmetry in Chaos* (Oxford: Oxford University Press, 1992).

Stewart, Ian, and Martin Golubitsky, *Fearful Symmetry* (Oxford: Blackwell, 1992).

第七章　噠噠的馬蹄聲

Buck, John, and Elisabeth Buck, "Synchronous Fireflies," *Scientific American* (May 1976): 74-85.

Gambaryan, P. P., *How Mammals Run: Anatomical Adaptations* (New York: Wiley, 1974).

Mirollo, Renato, and Steven Strogatz, "Synchronization of Pulse-Coupled Biological Oscillators, " *SIAM Journal of Applied Mathematics*, 50 (1990): 1645-1662.

Smith, Hugh, "Synchronous Flashing of Fireflies," *Science*, 82 (1935): 51.

Stewart, Ian, and Martin Golubitsky, *Fearful Symmetry* (Oxford: Blackwell, 1992).

Strogatz, Steven, and Ian Stewart, "Coupled Oscillators and Biological Synchronization, *Scientific American* (December 1993): 102-109.

第八章　骰子扮演上帝嗎？

Albert. David Z., "Bohm's Alternative to Quantum Mechanics," *Scientific American*, 270 (May 1994): 32-39.

Garfinkel, Alan, Mark L. Spano, William L. Ditto, and James N. Weiss, "Controlling Cardiac Chaos," *Science*, 257 (1992): 1230-1235.

Gleick, James, *Chaos: Making a New Science* (New York: Viking Penguin, 1987).

Shinbrot, Troy, Celso Grebogi, Edward Ott, and James A. Yorke, "Using Small Perturbations to Control Chaos, " *Nature*, 363 (1993): 411-417.

Stewart, Ian, *Does God Play Dice?* (Oxford: Blackwell, 1989).

第九章　液滴、狐與兔、花瓣

Cohen, Jack, and Ian Stewart, *The Collapse of Chaos* (New York: Viking, 1994).

Douady, Stéphane, and Yves Couder, "Phyllotaxis as a Physical Self-Organized Growth Process," *Physical Review Letters*, 68 (1992): 2098-2101.

Peregrine, D. H., G. Shoker, and A. Symon, "The Bifurcation of Liquid Bridges," *Journal of Fluid Mechanics*, 212 (1990): 25-39.

X. D. Shi, Michael P. Brenner, and Sidney R. Nagel, "A Cascade Structure in a Drop Falling from a Faucet," *Science* 265 (1994): 219-222.

Waldrop, M. Mitchell, *Complexity: The Emerging Science at the Edge of Order and Chaos* (New York: Simon & Schuster, 1992).

Wilson, Howard B., *Applications of Dynamical Systems in Ecology*, Ph.D. thesis, University of Warwick, 1993.

結語　開創形態數學

Cohen, Jack, and Ian Stewart, "Our Genes Aren't Us, " *Discover* (April 1994): 78-83.

Goodwin, Brian, *How the Leopard Changed Its Spots* (London: Weidenfeld & Nicolson, 1994).

科學文化 106B

大自然的數學遊戲

Nature's Numbers: The Unreal Reality of Mathematics

作者 — 史都華（Ian Stewart）
譯者 — 葉李華
審定 — 李國偉
科學叢書策劃群 — 林和（總策劃）、牟中原、李國偉、周成功

總編輯 — 吳佩穎
編輯顧問 — 林榮崧
責任編輯 — 林榮崧；吳育燐、林韋萱
封面設計暨美術編輯 — 許盈珠
校對 — 呂佳真

出版者 — 遠見天下文化出版股份有限公司
創辦人 — 高希均、王力行
遠見・天下文化 事業群董事長 — 高希均
事業群發行人／CEO — 王力行
天下文化社長 — 林天來
天下文化總經理 — 林芳燕
國際事務開發部兼版權中心總監 — 潘欣
法律顧問 — 理律法律事務所陳長文律師
著作權顧問 — 魏啟翔律師
社址 — 台北市 104 松江路 93 巷 1 號
讀者服務專線 —（02）2662-0012 ｜傳真 —（02）2662-0007；（02）2662-0009
電子郵件信箱 — cwpc@cwgv.com.tw
直接郵撥帳號 — 1326703-6 號　遠見天下文化出版股份有限公司

電腦排版 — 立全電腦印前排版有限公司
製版廠 — 東豪印刷事業有限公司
印刷廠 — 柏皓彩色印刷有限公司
裝訂廠 — 台興印刷裝訂股份有限公司
登記證 — 局版台業字第 2517 號
總經銷 — 大和書報圖書股份有限公司｜電話 —（02）8990-2588
出版日期 — 1996 年 6 月 15 日第一版
— 2022 年 11 月 30 日第三版第 1 次印行

國家圖書館出版品預行編目(CIP)資料

大自然的數學遊戲／史都華（Ian Stewart）著；葉李華譯. -- 第三版. -- 臺北市：遠見天下文化出版股份有限公司, 2022.11
272面；14.8 x 21公分. --（科學文化；BCS106B）
譯自：Nature's numbers : the unreal reality of Mathematics

ISBN 978-986-525-945-7(平裝)

1.CST: 數學 2.CST: 通俗作品

310　　111017798

定 價 — NT 380 元
ISBN — 978-986-525-945-7（平裝）
EISBN — 9789865259730（EPUB）；9789865259723（PDF）
書 號 — BCS106B
天下文化官網 — bookzone.cwgv.com.tw